TRAUMREISEN
mit der Eisenbahn

Horst-Dieter Ebert

TRAUMREISEN
mit der Eisenbahn

DIE BERÜHMTESTEN ZÜGE, DIE SCHÖNSTEN STRECKEN

Mit Fotobeiträgen von:
Oliver Bolch · Clemens Emmler · Max Galli · Christian Heeb
Olaf Meinhardt · Sammy Minkoff · Axel M. Mosler · Johann Scheibner
Hubert Stadler · Wolfgang R. Weber

Mit Textbeiträgen von:
Horst-Dieter Ebert · Angelika Block · Herdis Lüke · Sylvia Lott
Heike Neuenburg · Nicole Prestle · Bernd Schiller · Klaus Viedebantt

GeraMond

DER ZUG ZUR NOSTALGIE

Als das Dampfmaschinen-Zeitalter ausbrach und die Eisenbahn innerhalb von weniger als fünfzig Jahren eine weltweite und weltweit bestaunte Karriere machte, da gab es dieses Wort noch nicht. Erst zweihundert Jahre später, es ist erst dreißig Jahre her (1979), machte ein bislang unerhörter Neologismus die Runde, der dem optimistischen Fortschritt des Maschinenzeitalters auch denkbar schlecht zu Gesicht gestanden hätte: Entschleunigung.

Denn das Motto des Maschinenzeitalters hieß Geschwindigkeit, die Essenz des Fortschritts war: mehr Tempo, mehr Beschleunigung. Ein ganzes Jahrhundert war fasziniert von der Akzeleration der Fortbewegung und des Reisens. Und tatsächlich hat es ja wohl qualitativ nie wieder einen solchen Ruck gegeben. Selbst die jüngste (und schon wieder historische) Höchstbeschleunigung kommt dagegen nicht an: Als 1969 die Concorde in Dienst gestellt wurde, das erste und bislang letzte Passagierflugzeug mit doppelter Schallgeschwindigkeit, da übertraf sie die gebräuchlichen Jets gerade um etwas mehr als das Doppelte. Doch bereits die ersten Eisenbahnen in England ratterten an den Kutschen der vorindustriellen, der »guten alten Zeit«, in unvorstellbarer dreifacher Geschwindigkeit vorbei.

Compagnie Internationale des Wagons Lits
et des grands Express-Européens
CARTE PERSONNELLE
1898
ORIENT-EXPRESS
Monsieur Chevalier,
Chef de la Comptabilité,
est autorisé à voyager sans payer de supplément
dans le train dit ORIENT-EXPRESS
LE DIRECTEUR GÉNÉRAL:
N° 45.

Das gab es auch 1898 schon: Berechtigungsschein für einen Angestellten der Schlafwagengesellschaft, ohne Zuschlag den Orient-Express benutzen zu dürfen.

Kein Wunder, dass sich in die Faszination Unbehagen, ja sogar Angst und Schrecken mischten. Die zeitgenössischen Berichte, in denen besorgte Kulturkritiker davor warnen, dass nicht nur Pferde, sondern auch Menschen allein vom Anblick der rasenden Eisenbahn, geschweige denn vom Fahren damit, wahnsinnig werden könnten, sind ja weithin bekannt.

Wolfgang Schivelbusch, der diesen Ängsten ein lesenswertes Buch gewidmet hat, weist auf die im 19. Jahrhundert bezeichnende Metapher hin: »Die Eisenbahn, die als Raum und Zeit vernichtende Kraft auftritt, wird immer wieder als Projektil beschrieben.« Die Beweisführung ist simpel: Ein Zug, der mit 75 Meilen fährt, hat ja nur eine viermal geringere Geschwindigkeit als eine Kanonenkugel. Eine andere Aufrechnung aus dem Jahr 1889, als die Eisenbahn längst keine irritierende Neuigkeit mehr ist, definiert diese Geschwindigkeit so: »Das sind hundertzehn Fuß pro Sekunde, und die Energie von vierhundert Tonnen, die sich mit dieser Geschwindigkeit bewegen«, und daraus ergebe sich eine Bewegung, »fast doppelt so groß wie die eines Zweitausend-Pfund-Schusses, der von einem Hundert-Tonnen-Armstrong-geschütz abgefeuert wird.«

Auch wenn wir heute ein Hundert-Tonnen-Armstrong-geschütz nicht mehr so recht einzuschätzen wissen, ahnen wir, was gemeint ist. Der Reisende, der in einem derartigen Geschoss sitze, hört auf, ein Reisender zu sein: Er werde, so heißt es, zum Paket (damals reisten diese ja offenbar noch mit hoher Geschwindigkeit).

Heinrich Heine in Paris vergleicht die Eisenbahn mit den Erfindungen von Schießpulver und Druckerkunst und wertet sie auf zu einem der epochalen Ereignisse: »Welche Veränderungen müssen jetzt eintreten in unserer Anschauungsweise und in unseren Vorstellungen! Sogar die Elementarbegriffe von Zeit und Raum sind schwankend geworden. Durch die Eisenbahnen wird der Raum getötet, und es bleibt uns nur noch die Zeit übrig ... In viereinhalb Stunden reist man nun nach Orleon, in ebensoviel Stunden nach Rouen. Was wird das erst geben, wenn die Linien nach Belgien und Deutschland ausgeführt werden! Mir ist, als kämen die Berge und Wälder aller Länder auf Paris angerückt. Ich rieche schon den Duft der deutschen Linden, vor meiner Tür brandet die Nordsee.«

Heute reisen wir in Zügen, im Shinkansen oder im TGV, die so schnell sind wie die ersten Passagierflugzeuge in den zwanziger Jahren des vorigen Jahrhunderts. Wer ganz schnell von Paris nach Lyon muss, hat vielleicht keine andere Wahl, auch der Reisende von Tokio nach Nagasaki nicht. Auch wir anderen können in ihnen reisen, aber wir müssen nicht. Seit rund fünfundvierzig Jahren gibt es eine Flotte von Zügen, überall auf der Welt, die dem Reisenden das Gefühl vermitteln, er reise wie in der alten Zeit – oder zumindest nicht in zeitgerechter Weise.

Und die Sehnsucht des Reisenden richtet sich ja stets auf das Erlebnis des Fremden, des Ungewohnten. Das sind nicht immer nur die fernen Länder, die noch unbekannten, das Exotische der anderen Hemisphäre. Für viele und immer mehr Zeitgenossen gilt auch das Unzeitgemäße als verlockende Ferne. Es sind die Wonnen der Nostalgie, das Abtauchen in eine andere, frühere Zeit. Es ist die Attraktion des Altmodischen, und die gibt es ja nicht nur bei unseren Eisen-

Vor dem Orient-Express: Fahrgäste der zweiten Klasse vertreten sich beim Aufenthalt auf einem bulgarischen Bahnhof die Beine.

bahnen. Die Übernachtung in einem stimmungsvollen Grandhotel aus der Belle Époque oder der Törn auf einem uralten Nildampfer oder auf der historischen Viermastbark »Seacloud« warten ja ebenfalls mit den Reizen einer Zeitreise auf. Doch die wohl schönsten und vielfältigsten Vergangenheitserlebnisse bieten die nostalgischen Eisenbahnen: historische Züge, historische Routen, historische Ausblicke.

Das wichtigste Datum in der modernen Renaissance der großen Eisenbahnen war die Wiederbelebung des Orient-Express' Ende der siebziger Jahre. Es war eines jener Märchen

Verzierte Decken im italienischen Stil waren das typische Dekor der Jahre 1900–1905.

der modernen Zeit: Milliardär ersteigert aus Langeweile ein paar alte Eisenbahnwaggons, wird dadurch quasi über Nacht zum Eisenbahn-Freak und dann zum größten Eisenbahn-Unternehmer der Welt, mit Zügen in Europa, in Schottland, in Fernost, in Peru, zeitweilig auch in Australien.

In den achtziger Jahren vermehren sich die touristischen Züge, die Reisebranche konstatiert einen regelrechten Boom. Sie stammen aus ganz unterschiedlichen Jahrgängen, und sie rollen an in mehr und weniger historischer Fasson. Die Schönsten sind Nachempfindungen oder Nachbauten klassischer Zugmuster, die an die große Zeit der Luxuszüge erinnern. Und es scheint fast keinen Unterschied zu machen, ob diese Züge in Europa, Afrika oder Asien an den Start gehen: Ohne eine gute Portion Historismus kommt keine Neugründung aus.

Dabei haben wir eine ganz besondere Spezies außer Acht gelassen: Die sogenannten Museumsbahnen bilden eine eigene Welt. Der typische Fall sind die von ein paar Idealisten liebevoll restaurierten historischen Dampflokomotiven auf einer stillgelegten Nebenstrecke zwischen zwei nicht mehr genutzten ländlichen Bahnstationen; der Zug dampft an Wochenenden oder Feiertagen eine Stunde hin und eine her. Die Passagiere dürfen auch mal die Lok fahren oder we-

Der Train Bleu bei der Abfahrt zum Festival in Cannes 1959. An Bord sind viele Berühmtheiten der Nouvelle Vague, darunter Laurent Terzieff, Gérard Blain, Claude Chabrol, Roger Vadim und Annette Stroyberg.

nigstens den Heizer spielen. Es ist eine liebenswerte, mitunter auch kauzige Subkultur, die indes mit den großen Zügen der Welt nichts zu schaffen hat.

Von jenen sind ja etliche nicht so einfach zu definieren; sie fahren mit ganz normalen Regelzügen auf denselben Strecken, und einige unterscheiden sich von jenen auch nur durch ein bisschen mehr an Luxus (und bedeutend höhere Fahrpreise). Die Tatsache, dass sie alle einen Namen tragen, ist immerhin Indiz für etwas Besonderes, reicht indes zur Identifikation nicht aus.

Das gilt für die Züge auf den großen Strecken durch Kanada und Australien ebenso wie für den Transsibirien-Express, dessen deutsche Mutation, der »Zarengold«-Express, sich zumindest hierzulande als eigenständiges Unternehmen präsentiert, das die Tradition des traditionellen »Transsib« mit einem modernen Komfortkonzept harmonisiert hat. Er entspricht jedenfalls der Beschreibung die Paul Theroux[1], der leidenschaftliche Zugreisende, seinem »Abenteuer Eisenbahn«-Buch vorangestellt hat: »Eisenbahnzüge sind wie unwiderstehliche, rollende Bazare ... So ein Zug hat an den unheimlichsten Orten noch etwas Beruhigendes – er hat nichts zu tun mit dem Angstschweiß, der einem im Flugzeug ausbricht, ... und der Lähmung, die einen im Auto befällt.«

Das »Beruhigende«, das Theroux dem Zug im Allgemeinen attestiert, trifft bei seiner touristischen Variante in besonderem Maße zu: Seine Durchschnittsgeschwindigkeit – auch das ein ziemlich untrügliches Erkennungsmerkmal – liegt stets signifikant unter der des regulären Zuges. Die »Entschleunigung« als Gegenbewegung zum Beschleunigungsrausch der modernen Technik ist eine ganz wesentliche Qualität. Und zu der gemächlichen Gangart gesellen sich häufig zusätzliche oder längere Stopps für touristische Attraktionen, mitunter gar eine andere Streckenführung.

Indiens berühmte Züge etwa fahren mehrheitlich Rundkurse wie die amerikanischen Kreuzfahrtschiffe in der Karibik. Der erste, der »Palace on Wheels« (mitunter auch als »Maharajas-Express« oder »Royal Rajasthan on Wheels« vermarktet) startete 1982 noch mit einer veritablen Dampflokomotive und mit authentischen Wagen aus der großen Zeit, als Indiens Fürsten für ihre Verschwendungssucht und Extravaganz berühmt waren. Er legt auf seiner Fahrt durch Rajasthan Pausen ein für Besichtigungen, für Mahlzeiten in berühmten Hotels, für Ritte auf Kamelen oder Elefanten und für folkloristische Darbietungen.

Die jüngeren Züge des Landes, »Golden Chariot« oder »Deccan Odyssey«, eifern stilistisch dem »Palast auf Rädern«

nach, die Dekorationen sind volkstümelnd indisch, doch sie führen Waggons mit für Konferenzen, für Spa-Behandlungen und solche mit Fitness-Geräten; Nostalgie ist, das war ja schon länger bekannt, am schönsten in Verbindung mit modernem Komfort.

Der »Royal Scotsman«, vermutlich der erste touristische Zug mit Dusche und Toilette in jeder Kabine, fügte dem Prozess der Entschleunigung eine neue Facette hinzu: Er verbringt die Nächte in abgelegenen, vorzugsweise stillgelegten Bahnhöfen, um den Passagieren einen ruhigen Schlaf zu garantieren. Denn was den Kreuzfahrern die Seekrankheit ist, ist den Zugreisenden die Schlaflosigkeit in den rüttelnden Waggons auf ausgeschlagenen Gleisen.

Die moderne Eisenbahn und die luxuriöse entwickeln sich rekordverdächtig auseinander: 1991 erreichte der TGV einen neuen Geschwindigkeitsrekord von exakt 515 Kilometern pro Stunde; zwei Jahre später startet der wunderbare »Eastern & Oriental« zwischen Bangkok und Singapur mit einer nicht nur gefühlten Höchstgeschwindigkeit von 50 Kilometern pro Stunde.

Das Network der touristischen, in der Regel nostalgischen Eisenbahnen, bleibt in Bewegung. Es besteht aus bereits klassischen Zügen, die seit 20 oder 30 Jahren beruhigend unverändert durchs Land rollen (etwa »VSOE«, »Royal Scotsman«, »Rovos Rail«, »Transcantabrico«). Es gibt ein paar mittelalte Newcomer und etliche, deren Verschwinden wir auf das Schmerzlichste bedauern: Der »Al Andalus Expreso« mit seinen schönen 1920er-Jahre-Waggons hat seine Fahrten durch die romantischsten Gegenden Spaniens aufgegeben; der »Great South Pacific Express«, ein australischer Ableger von Sherwoods Orient-Express, begeisterte offenbar zu wenige Eisenbahnliebhaber in Downunder; und ein »American Orient Express«, der nun wiederum mit jenem nichts zu schaffen hatte, verschwand, kaum dass ich ihn entdeckt hatte, von der Bildfläche.

Ein Speisewagen aus den 1920er Jahren auf der Strecke Wladiwostok-Charbin, urprünglich ein Fahrgastwagen der Internatonalen Schlafwagengesellschaft.

Der spielerische Vergleich von Zügen mit Kreuzfahrtschiffen, wie er hier und im weiteren Verlauf des Buches gelegentlich vorkommt, zielt ab auf die ähnliche Routenführung; die wenigsten fahren ja, wie Queen Mary 2 oder Eastern & Oriental, von A nach B, sondern sie mäandern, zickzacken oder bewegen sich im Kreis – auf touristischen Pfaden eben. Das ist freilich nur eine kleine Schnittmenge.

Der große Unterschied ist natürlich das nostalgische Moment der Zugfahrten. Diese sind ja, wie selbst der abgebrühte Railway-Aficionado ehrlicherweise zugeben muss, keineswegs immer sehr komfortabel. Ich halte es für möglich, dass der Anteil von Passagieren, die schlaflose Nächte an Bord eines schlingernden Traumzuges erleiden, höher ist als der von Seekranken auf einem Kreuzfahrtschiff. Aber letztere sind modern und groß, ja gigantisch, mit Platz für zweitausend, viertausend, gar fünftausend Passagiere. Da loben wir uns doch diese winzigen Züge, rollende Boutiquehotels, in denen immer noch jeder mit jedem ins Gespräch kommen kann, wo die Crew jeden Gast und jeder Gast die Crewmitglieder kennt. Diese Intimität und Exklusivität wird sich nicht ändern, einen Zug, noch dazu einen, der seine Vergangenheit mit sich führt, kann man kaum vergrößern, glücklicherweise.

Ein Salonwagen im Jugendstil ist bei der Transmandschurischen Eisenbahn relativ selten zu sehen.

Nächste Seite: Auf dem Weg in die Mongolei wird die Transsibirische Eisenbahn einige Kilometer lang von der Selenga begleitet, einem Zufluss des Baikalsees.

BILD: OLIVER BOLCH TEXT: HORST-DIETER EBERT

WO MAN NIEMALS OVERDRESSED IST

IM ORIENT-EXPRESS VON VENEDIG NACH LONDON

↑ *Kabinensteward in blauer Uniform – schöner war sie auch in der Vergangenheit nie.*

→ *Nur zweimal im Jahr fährt der »VSOE« die historische Route Paris–Budapest–Bukarest–Istanbul. In Budapest erhalten die Passagiere einen schmetternden Empfang.*

↗ *Der Zug rollt gemächlich durch Tirol (links).*

Ein britisches Paar auf Hochzeitsreise genießt einen Cosmopolitan in der Bar (Mitte).

Ein italienischer Kellner serviert bunte Cocktails im Barwagen (rechts).

Dem Literaturfreund fällt bei seinem Namen wahrscheinlich sofort Graham Greenes 1932 erschienener Roman »Orientexpress« ein, ganz gewiss jedoch Agatha Christie und ihr »Mord im Orient-Express« von 1934. Der Cinéast denkt an dessen Verfilmung, vielleicht auch an Hitchcocks »Eine Dame verschwindet« oder wenigstens James Bonds mörderische Prügelei an Bord in »Liebesgrüße aus Moskau«. Der Zug, der so viele Schriftsteller inspirierte, gilt unter allen berühmten Eisenbahnklassikern dieser Welt als der berühmteste. Der Orient-Express oder »Venice Simplon Orient-Express« (VSOE), wie er mit vollem Namen heißt, ist der unbestrittene Ahnherr aller prachtvollen Nostalgiezüge unserer Zeit.

Im Gegensatz zu den Literatur- und Filmfreunden fällt mir, wenn ich an den Zug denke, als Erstes ein etwas übergewichtiger Anglo-Amerikaner oder Americo-Engländer namens James B. Sherwood ein: Ich habe ihn in London getroffen und bin auch einmal mit ihm im selben Zug von Singapur nach Bangkok gefahren. Er ist der eigentliche Mister Orient-Express, der Mann, dem wir die Wiedererweckung dieser Legende zu verdanken haben.

Sherwood hatte mit Containern auf dem Atlantik ein Vermögen verdient. Und irgendwann, da gab es das Wort Midlife-Crisis noch gar nicht, hatte er das Gefühl, es müsse im Leben noch etwas anderes geben. Freunde empfahlen ihm den Tourismus, nicht ganz so uneigennützige Freunde verkauften ihm das Cipriani Hotel in Venedig, ein wunderbares Haus in einmaliger Location, das leider nur enorme Verluste machte.

1977 ersteigerte er in Monte Carlo zwei alte Waggons aus dem Bestand des historischen Venice Simplon Orient-Express, der 1883 zum ersten Mal von Paris nach Konstantinopel gefahren ist und 1977 nach langen Jahren des Niederganges endgültig aus dem Verkehr gezogen worden war. Bis zum Ersten Weltkrieg und in den zwanziger Jahren war er das Luxusvehikel der Reichen und der Schönen, der Millionäre und der Maharadschas, der Spione und Gangster, kurzum der Berühmten und der Berüchtigten. Ganze Kapitel in der Orient-Express-Literatur sind mit der Aufzählung seiner Gäste beschäftigt. Natürlich war es dieses spezielle Haugout, das die Interessenten 1977 zur Auktion von Originalwaggons nach Monte Carlo zog. Auch Sherwood bot mehr aus einer Millionärslaune heraus, weil so viel Presse dabei war und der König von Marokko ein anderer prominenter Bieter war. Bis dahin hatte er sich für Eisenbahnen nicht sonderlich interessiert, er hatte nicht einmal als Junge eine Eisenbahn besessen.

Das änderte sich mit dem Erwerb der beiden alten Schlafwagen, die schon in dem Film »Mord im Orient-Express« mitgespielt hatten.

INTERNATIONALE DES WAGONS - LITS ET DES

RNATIONALE DES WAGO

EXPRESS
CARROZZA-LETTI
ORIENT-EXPRESS

Sherwood fing Feuer und begann, weitere Wagen zu sammeln und, fast noch wichtiger, zu restaurieren. Fünf Jahre später nahm sein nostalgischer Express mit authentischen Wagen aus den zwanziger Jahren seine Fahrten auf – allerdings nicht auf der historischen Route zwischen London, Paris und Istanbul, sondern von London über Paris nach Venedig; dort sollten die Orient-Express-Gäste schließlich sein »Cipriani« füllen.

In jüngster Zeit gibt es einige Flügelzüge, die auch andere europäische Städte wie Zürich, Prag, Budapest, Rom, Düsseldorf anbinden, und zweimal im Jahr wird sogar die historische Originalstrecke von London nach Istanbul bedient.

Doch auch ich habe meine erste, unvergessliche Tour 1985 auf der Sherwood-Strecke von Venedig nach Paris gemacht. Das Publikum erinnerte mich damals ein bisschen an das der »MS Europa«: Kreuzfahrer, aber von einem der ganz teuren Schiffe. Die meisten kamen, wenn schon nicht mit einem der Hotel-Boote vom »Cipriani« oder von den Ciga-Hotels (Gritti, Danieli, Excelsior etc.), standesgemäß mit dem Wassertaxi.

Als ich kürzlich erneut dort eincheckte, kam mir alles um einiges banaler vor – oder verfälschte da die verklärende Erinnerung das Bild? Auf dem wuselig-lärmigen Bahnhof St. Lucia, wo das Orient-Express-Empfangskommitee in der hintersten Ecke ein Stück roten Teppichs ausgelegt hatte, muteten mich die Passagiere nicht mehr ganz so abgehoben an; die damalige Gepäckhalde aus Louis Vuitton, Hermès, Gucci, Prada hatte sich auch sehr demokratisiert, viel namenlos rollende Hartschale und allerlei Nylon von Samsonite e tutti quanti stapelte sich da. Mein verbeulter alter Rimowa fand sich diesmal durchaus unter seinesgleichen.

Aber der Zug! Er ist immer noch so imposant: 17 blaue Wagen und 520 Meter lang ragt er weit aus der Bahnhofshalle, glänzend poliert, jeder erhabene Goldbuchstabe (»Compagnie Internationale des Wagon-Lits« usw.) erkennbar frisch

Linke Seite:
↖ Auf der Istanbul-Reise werden die Passagiere in Budapest verabschiedet: Sie gehen auf Stadtrundfahrt und verbringen eine Nacht im Hotel.

← Ein englischer Steward, den es von der Kreuzfahrt auf die Schiene verschlug. Wie die meisten seiner Kollegen spricht er Englisch, Französisch, Italienisch und Deutsch.

Rechte Seite:
↖ Vor dem Einsteigen zum Start in Venedig.

↑ Eine glückliche Passagierin prostet auf dem Pariser Gare de l'Est den Zurückbleibenden zu.

← Seit dem Jahr 1884 ist das Wappen der »Compagnie Internationale des Wagon-Lits« ein Emblem für Luxus und Stil.

↑ *Glänzend restauriert: die fein gepunzten Schalter und Beschläge im Innern der Kabinen.*

↗ *Oberkellner im Speisewagen »Voiture Chinoise« (Wagen 4095): Er wurde 1927 in Birmingham als Pullman-Küchenwagen für den »Etoile du Nord« gebaut, tat Dienst in diversen Expresszügen (L'Oiseau Bleu, Flèche d'Or), bevor er vom VSOE erworben und umdekoriert wurde.*

→ *Das kleine Waschkabinett jeder Kabine ist in einem verschließbaren Schrank eingebaut, praktisch, aber keineswegs luxuriös.*

gewienert. Die Eisenbahn-Liebhaber, auch eine Reihe jugendlicher Latzhosen- und Rucksackträger, die sicherlich nicht mitreisen werden, flanieren bereits in Gruppen über den Bahnsteig und zeigen sich gegenseitig mit vielem »Ah!« und »Oh!« die Schönheiten der alten Wagen. Eine imposante Gestalt in goldbetresstem Frack macht unter uns die Runde, der Maître: »Wir sind heute nur 70 Passagiere, deshalb gibt es zum Lunch nur eine Sitzung.« Jeder kriegt ein Zettelchen mit seinem Sitz, ich bin im »L'Étoile du Nord«, auf Platz 112.

Es ist auch sonst ein besonderer Trip: Wegen eines Streiks der Eisenbahner in Paris werden wir Frankreich umfahren. Passagiere nach Paris werden von Brüssel aus per Bus befördert; wir Londonreisende sollen ab Brügge von der Schiene auf die Straße wechseln.

Doch zunächst mal dürfen wir unsere Abteile beziehen. Die Passagiere eilen zu den elf Schlafwagen, als hätten sie freie Sitzwahl. Ich bin eingewiesen in D (3482), in ein 1929 in England gebautes Sleeping Car, das in seiner bunten Karriere im Zweiten Weltkrieg auch schon mal als Hotel gedient hat: schöne polierte Hölzer, wunderbare Intarsien, die in der Literatur als »geometrisch« beschrieben werden, die ich indes für subversiv erotisch halte. Die Kabine, rechts die plüschig-

schwellende Sitzbank für zwei, links die Wand mit einer Ausbuchtung, hinter der ein Waschbecken verborgen ist, prunkt mit gefühlten zwei Quadratmetern Fläche.

»We are here out of the world«, sagt mein Kabinensteward Mario, der kurz nach meiner ersten Reise beim Orient-Express anheuerte und immer noch dabei ist, »wie in einer anderen Welt, die Probleme da draußen kommen hier nicht rein.« Tatsächlich fühle auch ich mich schon bald hermetisch abgeschlossen wie auf einem Kreuzfahrtschiff, weit weg; wer sich da um Internetzugang müht (im Zug gibt es den nicht),

ist ja selbst schuld. Mein fröhlicher Mario kommt, um mir den Gebrauch all der blank polierten Schalter und Hebel zu erklären: Licht, Nachtlicht, Ventilator, Lüftung: »Dieser Schalter ist übrigens für gar nichts da«, zeigt er mir, »wundern Sie sich nicht, wenn nichts passiert. Und wenn Sie etwas brauchen«, sagt er, »just push this button, dann bin ich gleich bei Ihnen!« Er befreit mich von meinem Koffer, und schon sieht meine Kabine viel größer aus.

Der »Venice Simplon Orient-Express« ging in Sherwoods liebevoll restaurierter Pracht-Version am 25. Mai 1982 auf Jungfernfahrt. Londons Victoria Station barst von Blumen, Blasmusik und Prominenten, viele im Zwanziger-Jahre-Kostüm; für einen Tag vergaß die Nation den Falkland-Krieg. Seit seinem Neustart ist der »VSOE« von all den heute verkehrenden Nostalgiezügen der berühmteste, der glänzendste, und mit seinen historischen Waggons der authentischste; er ist

↑ Blick durch eine Cabin Suite im Schlafwagen 3525. Schöne Intarsien, stilisierte Blumen in elfenbeinähnlichen Einlegearbeiten, doch anstelle eines Schrankes nur ein paar Kleiderbügel.

← Der Steward erklärt die Funktionen in der Kabine und die bunte Geschichte des Schlafwagens.

LEA & PERRINS

Linke Seite:
↖ Der Barwagen (3674) ist der Treffpunkt im Zug, wo man bei Drinks und Pianomusik miteinander ins Gespräch kommt. Gerard Gallet hat ihn aus einem Restaurantwagen von 1931 entwickelt, im Neo-Jugendstil.

← Vor dem Dinner wird bei Barman Attilio noch ein appetitanregender Aperitif genommen.

Rechte Seite:
↑ Nach dem Dinner bietet der Kellner den Gästen eine Käse-Auswahl.

← Ein paar florale Motive in schönem Jugendstil, in Glas und auf Glas, schmücken den Barwagen.

↖ Die delikaten Vorspeisen des Chefkochs, der seit zwanzig Jahren den Herden des VSOE die Treue hält, sind eine Augenweide.

übrigens auch – neue Räder, europäische Gleise, mäßige Geschwindigkeiten – der leiseste.

Der luxuriöseste ist er indes nur in der Werbung. Seine Kabinen sind klein, es gibt keinen Stauraum, lediglich ein Gepäcknetz und ein paar Kleiderbügel (ich bin ausnahmsweise mal froh, dass ich allein reise, weil ich nun ja Platz für zwei habe); das »im Schrank integrierte Waschbecken mit fließend kaltem und warmem Wasser« taugt allenfalls zu einer Art »Katzenwäsche«, die Toilette liegt am Ende des Waggons, eine Dusche gibt es nicht. Es ist eben ein rollendes Denkmal, und man versteht, warum auf den längeren Touren des Zuges heutzutage stets ein paar Hotel-Übernachtungen eingeplant sind.

Doch all das vergisst man, wenn der Zug fährt. Ich habe Glück, die Sonne scheint, auf den Alpen glitzert es weiß und erst recht auf den Dolomiten bei Bolzano, die Matten leuchten grün, auf der Straße zum Brenner fahren Lastwagen namens »Kufsteiger« und »Kalteis«, oben auf dem Pass türmt sich verschorfter Schnee. Im letzten Abendsonnenschein blöken uns ein paar Schweizer Kühe zu. Gleich nebenan fahren Skiläufer von einer artifiziellen Abfahrtspiste unter Kunstlicht zu Tale. Da hat sich dann auch schon der Barwagen gefüllt, wo der Pianist den leicht gestutzten Schimmel-Flügel bereits (»Take the A-Train«) virtuos zum Swingen gebracht hat.

Ich sehe nun doch etliche Smokings und einige Dinner-Jacketts, einige Damen haben das bordübliche kleine Schwarze verschmäht und sich in nostalgisch glitzernde Abendroben geworfen. »Das Ambiente des Zuges«, so steht es ja im Dresscode (»keine Jeans, keine T-Shirts, keine Turnschuhe«), »bietet die Chance, Glamour und Style zu zeigen«. Die drei Restaurantwagen inszenieren tatsächlich jene mondäne Eleganz, die zur Aura des Orient-Express gehört wie seine historische Exklusivität. Und die, ähnlich wie das klassische Grand- oder Palasthotel, nur noch ganz selten ein adäquat elegant gestyltes Publikum findet. Im französischen »Côte d'Azur«-Wagen glänzen auf den blassblauen Milchglasreliefs von René Lalique bacchanalische Jungfrauen im schönsten Jugendstil; die englischen Wagen »Étoile du Nord« und »Orient« beeindrucken mit kunstvoll restaurierten Holztäfelungen und Lackpaneelen.

Die Tische sind eingedeckt mit schönen Damastdecken, Porzellanen, Gläsern und Silberbestecken, die speziell für den Zug entworfen worden sind von dem französischen Künstler und Designer Gérard Gallet; er war auch für die stilistische Einheit des Zuges verantwortlich. Der Küchenchef Christian Bodiguel, der schon bei meiner ersten Tour dabei war, lässt zeremoniös ein Viergangmenü servieren mit Wartezeiten wie einst im Sterne-Restaurant. Seine Spezialitäten

↑ Die Tür zum Restaurantwagen »Etoile du Nord« (4141), bekannt für seine kunstvollen Intarsien. Er rollte seit 1926 in etlichen Expresszügen durch Europa und schließlich auf ein Abstellgleis. Der VSOE erweckte ihn zu neuem Leben.

↗ Lunch zwischen den vielleicht schönsten Holzarbeiten, die es auf der Schiene gibt.

→ Im Speisewagen »Lalique Pullman« (4141) hängen die Bacchantinnen (»Bacchanalien Maiden«) des Glaskünstlers René Lalique.

sind die Fische und die Desserts. Nach einer zarten Lotte am Mittag lässt er zum Dinner ein fantasievolles Seabass-Langusten-Vorgericht auftischen, dann freilich ein etwas banales Lamm, offenbar speziell für unsere englischen Passagiere. Da habe ich was falsch gemacht: Ich hätte mir à la carte den Beluga-Kaviar bestellen sollen und von der etwas hochnäsigen Weinliste eine Flasche Krug. Meine Tischgenossin, deren Mann sein Hobby zum Beruf gemacht hat und heute übers Internet rare Zubehörteile für Modelleisenbahnanlagen verkauft, gibt die Devise aus und ordert fröhlich noch ein Glas Champagner: »Wer eine so teure Reise macht, der sollte bei Tisch nicht sparen.«

Die Gäste sind eine bunte Mischung: Amerikaner auf Europa-Trip (derzeit weniger als früher), Engländer auf der Tour über den Kontinent (ziemlich konstant), Europäer aus allen möglichen Ländern, und natürlich die »Train Spotter«, die Eisenbahn-Fans, die schon mit vielen anderen Zügen gefahren sind und sich nun endlich den Orient-Express leisten: Sie kennen die Geschichte eines jeden Wagens, die historische Route und womöglich jede Weiche auf dem Weg – sie sind die eigentlichen Connaisseurs!

In Brüssel steigen unter unser aller Mitgefühl die streikgeschädigten Paris-Passagiere aus, sie werden ihr Ziel nach einer vierstündigen Busfahrt erreichen. Wir rollen weiter bis Brügge, wechseln dort ebenfalls in Busse – und verbringen darin auch rund vier Stunden, erst auf dem Weg zum Tunnel, dann auf dem Tunnel-Shuttle, dann vom Ausgang bis Folkstone. Der Orient-Express fährt im Übrigen nie durch den Tunnel; da in ihm noch offene Feuerstellen kokeln, verbieten das schon die Sicherheitsbestimmungen.

Auf dem zugigen Bahnsteig in Folkstone jazzt eine Altherren-Band mit vielen Blechinstrumenten und klammen Fingern fröhlichen Dixieland. Dann läuft der British Pullman ein, die insulare Fortsetzung des Venice Simplon Orient-Express: elf braun-beigefarbene Salonwagen aus den zwanziger Jahren, die früher in bekannten Expresszügen fuhren wie dem Golden Arrow und der Brighton Belle. Sie sind je mit rund zwanzig Plätzen eingerichtet, die Sessel üppig, die Dekoration opulent. Die Ober servieren jedem ein Glas Champagner, die Stimmung ist prächtig, und erst beim Fisch merken wir, dass wir im vergangenen, in Good Old England angekommen sind: Er ist so hart, wie man ihn nur den Zähnen von ganz zähen englischen Landjunkern zumuten kann. Doch bis zur Victoria Station, mitten im modernen und kulinarisch aufgeklärten London, ist es jetzt nur noch eine knappe Stunde.

← Der VSOE in Tirol auf der Trisannabrücke vor Schloss Wiesberg.

↑ Vor den Lechtaler Alpen in Vorarlberg auf dem Weg von Paris nach Venedig.

BILD: AXEL M. MOSLER TEXT: HORST-DIETER EBERT

WO DIE SCHOTTEN GAR NICHT GEIZEN

IM ROYAL SCOTSMAN DURCH DIE HIGHLANDS

↑ *Die silberne Tabakdose auf der historischen Landkarte der Highlands.*

→ *Kurz hinter dem pittoresken Örtchen Plockton windet sich der bordeauxrote »Royal Scotsman« entlang des Ufers von Loch Carron.*

↗ *Auf jedem Waggon prangt das Wappen des Royal Scotsman (links).*

Feierliche Begrüßung der Gäste mit Dudelsackklängen in Edinburghs Waverley Station (Mitte).

»Very Scottish«: Tartanmuster auf den Sofakissen im Observation Car (rechts).

Dieser »königliche« Zug ist, abgesehen von dem der Queen natürlich, unter den großen Zügen dieser Welt der einzige, der ein »Royal« im Namen trägt. Ins Land der ungeliebten Briten und ihres »Royal Train« fährt er indes nicht, er ist ein absolut heimattreuer Geselle, dem sein eigenes Land genug ist. Seine Königsdisziplin ist die fünftägige Tour durch die schottischen Highlands: eine Bildungsreise durch ihre Kultur und Historie – nicht im Schnellgang, sondern im gemächlichen Tempo eines alten Dampfzuges. Obwohl die schön klassisch anmutenden Wagen auch dieser nostalgischen Eisenbahn von einer unauffälligen Dieselmaschine gezogen werden. Wenn sie ein Auto wäre, gälte sie längst als Oldtimer: Die diesel-elektrische Lokomotive der British Rail Class 47, bestückt mit einem Zwölfzylinder der Schweizer Firma Sulzer, die vor fast hundert Jahren den Dieselantrieb auf der Schiene erfand, stammt aus den frühen Sechzigern – ein Klassiker ist sie also allemal. Doch das sehen wohl nur fortgeschrittene Eisenbahn-Liebhaber.

In jüngerer Zeit treffen sich die Reisenden gleich in der First Class Lounge der Waverley Station. Einige sagen, das sei ein Gebot der Zweckmäßigkeit, die anderen behaupten, das Balmoral – inzwischen übernommen von dem britischen (!) Luxushotel-Fürsten Sir Rocco Forte – wolle nicht länger als Startrampe für eine schottische Eisenbahntour dienen. Doch auch die Bahnhofslounge eignet sich ja zur Einstimmung in Luxus und Komfort des schottischen Eisenbahnstolzes, weil ein paar der charmanten Betreuer des Zuges die Honneurs machen.

Der Royal Scotsman nennt sich ja auch selbstbewusst »Doyen unter den luxuriösesten Zügen der Welt«, und meine Erwartungen sind dementsprechend hochgespannt. Er wird mit uns in den nächsten fünf Tagen durch Schottland kreuzen – auf einer so bizarr hin und her zickzackenden Route, dass man sich deren Entstehung eigentlich nur unter dem Einfluss von viel Scotch vorstellen kann.

Natürlich werden wir ohrenbetäubend begrüßt von einem martialisch gerüsteten Dudelsackbläser im Nationalkostüm, natürlich tragen die Stewardessen Schottenröcke und die männlichen Kollegen, nein, nicht Kilt, sondern Schottenhosen. Unsere kleine Gruppe erweist sich als bestens gerüstet mit Camcordern und Kameras; schon das Einchecken wird von allen Seiten geblitzt und gedreht. Der Zug, so lang wie der Orient-Express und in einem nachgedunkelten Cartier-Bordeaux gelackt, hält still; im Observation Car, das wir über einen kleinen Mahagonihocker besteigen, wie sonst nur die Queen ihre Kutsche, gibt es zur Begrüßung Champagner, keinen Malt.

GREAT SCOTTISH & WESTERN RAILWAY CO
THE ROYAL SCOTSMAN

Der Royal Scotsman darf für sich in Anspruch nehmen, der kleinste unter den nostalgischen Zügen zu sein. Er bietet Platz für 36 Passagiere, wir sind heute nur 31. »Das ist diesmal doch eine nette internationale Gruppe«, kommentiert Andrew zurückhaltend, der so betont gentlemanlike Train Manager in seinen schottisch karierten Hosen. Normalerweise nämlich besteht die Royal-Scotsman-Besatzung zu neunzig Prozent aus Amerikanern; diesmal sind zwei Australier dabei, zwei Holländer, vier Briten und – fünf Deutsche. Im Observation Car mit seiner kleinen offenen Aussichtsplattform sieht es mit den schottisch karierten Sofas und farbigen Sesseln, den zierlichen Kissen und großvolumigen Blumenbuketts aus wie in einer viktorianischen Hotel-Lobby, gestylt von Laura Ashley. Auf polierten Tischchen leuchten weiße Lämpchen, unter der Decke drehen sich behäbig die Ventilatoren. »So muss es ja wohl in den zwanziger Jahren ausgesehen haben«, seufzt die ältere Lady aus Alabama entzückt.

Ganz so alt sind die Wagen des seit 1985 rollenden Scotsman nicht: Nur einer der beiden Speisewagen stammt aus der Nachkriegszeit, er war gebaut worden für den Chef der »London-North-Eastern-Railway« und wurde »Victory« getauft, weil der Krieg ja gerade gewonnen war. Der Rest besteht aus Pullmanwagen der sechziger Jahre; sie wurden hübsch wieder hergerichtet und wohl auch ein bisschen auf alt geschönt; den historischen Chic des Orient-Express' können sie nicht erreichen. Dafür hat einer der beiden mahagonigetäfelten Speisewagen zwei Sechser- und einen längsstehenden Achtertisch; das befördert aufs Angenehmste die Geselligkeit.

Und die Kabinen sind, mit Dusche und Toilette, um einiges komfortabler als auf der nostalgischen Tour zwischen Venedig und London, größer freilich auch nicht. Meine hübsch möblierte Einzelkabine hat gerade fünf Quadratmeter, ein

Linke Seite:
↖ Cocktailstunde im Observation Car, dem Salon des Luxuszuges.

← Der landesweit bekannte schottische Fiddler Ronan Martin spielt abends im Bahnhof von Kyle of Lochalsh.

Rechte Seite:
↖ Die »Financial Times« und eine Tasse Tee nach dem Frühstück. So lässt sich die Reise genießen.

↑ Sophie Burtt, Chefin des »Housekeeping« hat alle Hände voll zu tun.

← Michael & Charlie Ryan auf der Veranda des Observation Car. Der ehemalige Besitzer und Chairman des Royal Scotsman fährt gelegentlich noch gerne mit »seinem« Zug.

↑ *Zum formellen Dinner sollten die Herren einen Kilt oder Smoking tragen.*

↗ *Auf der windgeschützten Veranda des Observation Car kann man die schottische Landschaft bei einem Drink wunderbar genießen.*

→ *In den geräumigen Waggons des Royal Scotsman lässt es sich bequem reisen.*

Rechte Seite: Michael Andrews, der Zugmanager, findet für jeden Anlass die passende Kleidung. Hier begrüßt er die Gäste nach einem Ausflug in Boat of Garten.

Fenster schmal wie ein Handtuch, und wie man sich unter der Dusche bewegt (am besten gar nicht), das muss man erst einmal lernen.

David, der mächtige Schotte aus Philadelphia, der gleich nach dem Einchecken aus seinem Zweireiher in den Kilt geschlüpft ist, war schon einmal auf diesem Zug: »Damals war es unter den Duschen noch enger, doch dann haben sie den Marmor rausgenommen, und dadurch sind sie zwei Zentimeter breiter geworden.« Jetzt messen sie etwa 60 Zentimeter im Geviert, Twiggy hätte sich darin sicher wohler gefühlt als ich mit meinem deutlichen Übergewicht.

»Wir wollen schließlich nicht, dass die Passagiere sich außer zum Schlafen lange in ihren Kabinen aufhalten«, hatte mir schon vor Jahren Michael Ryan, der Chairman der Great Scottish & Western Railway Company, erklärt. Inzwischen hat der Scotsman den Besitzer gewechselt und gehört nun seit 2004 zu der kleinen feinen Flotte der Orient-Express-Züge, die aus gutem Grund am Konzept nichts geändert haben. Die Kabinen sollen nur zum Schlafen benutzt werden, zu viel mehr haben die Passagiere auch kaum Gelegenheit: Jeden Tag gibt es ein bis zwei Ausflüge, perfekt organisiert, der komfortable Royal-Scotsman-Bus fährt ständig mit. Wir lernen Schlösser, Gärten, Kirchen kennen, Whiskydestillen und immer wieder amüsante Schotten, die sich mit uns Luxuspassagieren scheinbar besondere Mühe geben. Wir Republikaner fühlen uns während der Besuche bei den Sirs und Ladies, etwa auf Ballindalloch Castle (seit 1546), als seien wir bei den Royals zu Gast, nur dass unsere Gastgeber sehr viel amüsanter sind und ihre Familiengeschichten bei Weitem aufregender.

Wir haben Glück und erleben das schottische Panorama vornehmlich besonnt, die großen karierten Regenschirme bleiben fast immer an Bord. Die Landschaft zwischen Midland Highlands sieht ein bisschen aus wie die Schweizer Berge und Seen, nur dass den Bergen die Schneegipfel fehlen und alle Seen »Loch« heißen. Bäche sprudeln so heiter, dass

Scottish
TOURIST BOAR

THE ROYAL SCOTSMAN

man glaubt, die Lachse in ihnen springen zu sehen; die schottische Heide flammt violett (Schlag nach bei Shakespeare!), frische Matten leuchten grün, der finstere Tann steht starr und schweigend, und die Rowan Trees glänzen voller roter Früchte. Nirgends auch ballen sich Wolkenberge so dramatisch, wird der rare Sonnenstrahl so emphatisch begrüßt. Manchmal schneidet der Zug mitten durch kleine Schrebergärten und macht uns zu Touristen, die durch private Idyllen reisen. Und immerfort Schafe, Schafe links und Schafe rechts, Schafe ohne Ende.

↖ *Der Zug schlängelt sich durch die Weiten von Strath Bran in den Highlands.*

⤒ *Danny in seinem Führerstand. Oft sind die Gleise nur einspurig.*

↑ *Die Lokomotive des Royal Scotsman, ein Ungetüm mit Zwölf-Zylinder-Motor und 2750 PS.*

Linke Seite:
↖ Die Speisewagen setzen neue Maßstäbe: Die Küche des Royal Scotsman erreicht mitunter die Qualität eines Sterne-Restaurants.

← Schöne Hölzer, hübsche Dekors: Auch die Kabinen, insbesondere die Suiten, gehören zu den komfortabelsten auf den Schienen dieser Welt.

Rechte Seite:
↑ Ein äußerst seltenes Bild: Tänze zu Fiddel und Akkordeon auf dem Bahnsteig von Dundee. Sogar die Crew macht begeistert mit.

⇤ Fensterbild mit Dame.

← Steward Joshua Williams, immer gut gelaunt, empfängt die Gäste.

THE ROY

Der Blick von der offenen Veranda des Aussichtswagens auf das Gleis hinter uns, fast immer einspurig, die bekannten zwei Parallelen, die sich im Unendlichen treffen – das verbreitet einen Hauch von der Magie des Schienenstrangs, von der Romantik der Eisenbahn, auch wenn die Lokomotive nicht dampft. Die Schienen sind alt genug, um dem Eisenbahnfreund den schönen klassischen Rhythmus zu Gehör zu bringen, seine Lieblingsmusik, betörend gleichförmig zumeist, mitunter in munteren Synkopen geradezu swingend.

Richtige Fans aus der Hardcore-Fraktion werden vielleicht bedauern, dass der Royal Scotsman nachts pausiert und in kleinen lauschigen Bahnhöfen parkt: Aber das garantiert allen Empfindsamen einen guten Schlaf und macht auch das Dinner genussvoller. Denn auf sein Essen bildet sich der Zug besonders viel ein – und das zu Recht.

Obwohl er gegen die Konkurrenz der vielgängigen Menüs, wie sie im Orient-Express oder im Blue Train aufgetischt werden, nicht antritt: Die Abendessen bestehen nur aus Vorgericht, Hauptgericht und Dessert; beim Lunch fehlt sogar das Vorgericht. In einem Zug, in dem schon zum Frühstück ganze dampfende Räucherfische, gewaltige Käse-Omeletts, Lammnieren und Black Puddings serviert (und auch verdrückt) werden, kann das Mittagessen freilich gar nicht klein genug sein.

Die Weine, einige Mercureys und Puligny-Montrachets, ein paar Clarets aus dem Pomerol, etliche Exoten aus Chile, Australien und Neuseeland, sind allesamt für ein Inklusiv-Programm – alles ist mit dem Reisepreis bezahlt – reine Glücksfälle. Kein Wunder, dass die Stimmung an Bord höchst animiert ist.

Das Publikum entspricht dem auf den teuersten Kreuzfahrtschiffen, für knapp 1000 Euro pro Tag und Person gehört der Zug ja in deren absolute Spitzenklasse. So erleben auch die beiden formellen Dinner eine elegante Gesellschaft, nur der amerikanische Schotte trägt keinen Smoking, sondern, sehr passend, seinen Fest-Kilt, und ein emeritierter US-General hat das Einstecktuch ersetzt durch ein gutes Pfund bunter Kriegsauszeichnungen.

Als wir am Morgen des fünften Tages wieder in den Bahnhof von Edinburgh einrollen, findet im Oberservation Car noch lange ein großes Abschiedsküssen und Adressentauschen statt: Ich bin eingeladen nach San Francisco, nach Alabama, Illinois, nach Brisbane und nach Arkansas. Und auch auf das schottische Castle in Pennsylvania: »Come and see us. It's great fun!« Es wird ein anstrengendes Jahr.

Linke Seite:
↖ Die Crew stärkt sich für den Tag.

← Helfende Hände und eine Extrastufe beim Aussteigen: Der Service ist gut durchdacht.

Rechte Seite:
↖ Souschef Benat Alonso bereitet als Vorspeise zum Dinner frische Muscheln zu.

↑ Heilbuttfilet als Hauptgericht: Besser macht das auch ein richtiges Restaurant nicht.

WO EINEM ALLES SPANISCH VORKOMMT

IM TRANSCANTABRICO DEN PILGERN AUF DER SPUR

↑ Die Jakobsmuschel, das Zeichen der Jakobspilger, sieht man auf dieser Reise oft.

→ Lokomotivführer Salustiano Fraile steuert den nostalgischen Express von einem modernen Cockpit aus.

↗ Mit Schärpe, Geschenk und mit viel Heiterkeit: Am letzten Abend wird eine »Miss Transcantabrico« gewählt (links).

Der Zug führt das Wappen Asturias – »Feve« verrät, dass es sich bei ihm um eine Schmalspureisenbahn handelt (Mitte).

Barbara Roach und ihr Mann ließen sich vom »Transcantabrico« aus Kalifornien herbeilocken – für ihre Hochzeitsreise (rechts).

Diese Zugreise beginnt nicht, wie sonst üblich, an einem Bahnhof, auf einem Bahnsteig. Für die Fahrt mit dem Transcantabrico treffen wir uns im prachtvoll-pathetischen Parador von Leon, dem historischen Hotel im royalistisch anmutenden Ex-Kloster. Jeder scheint zu wissen, wo sich die Passagiere versammeln: »Yes, Sir, the train people!«, sagt einer der Concierges, den ich frage, fährt meinen Koffer davon und zeigt auf eine Ecke, in der eine Runde von laut und fröhlich Spanisch parlierenden Leuten zusammensteht. Im Mittelpunkt lächelt eine junge Frau, auffällig klein und auffällig hübsch, mit schwarzen Haaren und vielen blitzenden Zähnen zwischen sehr roten Lippen: »Ich bin Anna, Ihre Reiseleiterin für die ganze Woche!« Anna spricht ein holpriges Englisch und radebrecht auch sehr niedlich Deutsch, und ihr Ton klingt, egal, ob sie von einer berühmten Kirche schwärmt oder nur das prosaische Tagesprogramm erklärt, so begeistert, als verkünde sie uns gerade einen kollektiven Lottogewinn; eine Frau, so fidel wie eine Lachtaube.

»Wir sind nur 31 Passagiere diese Woche«, lächelt Anna, 52 hätten Platz im Zug. Der ungerade Einunddreißigste, ich ahne es schon, bin ich. Und die ungläubige Eröffnungsfrage: »Ach, Sie reisen allein?« wird mich noch ein paar Tage begleiten. Doch einstweilen reisen wir noch gar nicht. Anna gibt die Reisedokumente aus, verteilt Kabinen und Kofferanhänger, wir lernen den schmucken Bus des Transcantabrico kennen, fahren damit in die Stadt und besichtigen die Kathedrale Santa Maria und die Basilika San Isidoro. Leon gilt als eine wichtige Pilgerstadt, auf etwa halbem Weg zum Kloster San Domingo de Compostela.

Damit wir uns gleich an die spanischen Esssitten gewöhnen, nehmen wir im feierlichen Speisesaal des Parador ein spätes, doch opulentes Mittagessen ein, vier schwere Gänge, mit einem krossen Spanferkel als Hauptgericht. Es zieht sich zweieinhalb Stunden hin, bis um fünf Uhr nachmittags, mit reichlich nachgeschenktem Weiß- und Rotwein, bis zu diversen Digestifs. »Ob das jetzt jeden Tag so weiter geht?«, fragt bang ein dänisches Ehepaar. Es geht.

Dann endlich dürfen wir wieder in den Bus klettern und fahren zum Bahnhof. Und dort steht er, 13 blauweiße Waggons und ungefähr 260 Meter lang, doch unerwartet zierlich; er fährt ja auf einer Schmalspur. Wir werden in die Salonwagen komplimentiert, müssen erst mal einen ordentlichen Schluck Cava trinken. Anna wünscht, dreisprachig lachend, eine gute Reise und preist den Disko-Wagen: »Dort können Sie jeden Abend bis in den Morgen tanzen, an mehreren Tagen sogar mit Livemusik!«

PRINCIPE DE ASTURIAS
ATEINSA
1983
FEVE
2000
-FEVE- EL TRANSCANTABRICO

STOP
CATERPILLAR

Als Willkommensdrink wird stilecht ein spanischer Schaumwein serviert, ein prickelnder Cava.

Es gibt längs der Fenster nur Zweiertische, mehr lässt die Waggonbreite nicht zu. Ich sehe mich schon alle Mahlzeiten einsam verzehren. Im Prospekt hatte ich gelesen: »Der Genuss einer Gastronomie, die ihresgleichen sucht, ... erwartet den Reisenden in einem fahrenden Fünf-Sterne-Hotel.« Das entpuppt sich spätestens jetzt als spanische Übertreibung oder als falsche Übersetzung, und mir fällt ein Stein vom Herzen. An Bord des Transcantabrico wird lediglich das Frühstück eingenommen, mittags und abends essen die Passagiere (mit einer Ausnahme) in Restaurants an Land, mithin auch an größeren Tischen.

Ich suche erst einmal meine Kabine auf: »Suite 37«, wie sie offiziell heißt. Von der Bar aus gehe ich durch vier Schlafwagen, die Gänge sind so schmal, dass man die Schultern querdrehen muss, doch hinter meiner Kabinentür sieht es gemütlich aus: Das Wand-zu-Wand-Bett hat nahezu Queensize-Format, davor ist noch so viel Platz, dass ich vom Bettrand aus den kleinen Schrank mit (alkoholfreier) Minibar und Safe als Schreibtisch nutzen kann. Die alte Zug-Frage »Wohin mit den Sachen?« stellt sich für einen Alleinreisenden nicht, da wird den Paaren in einer Kabine wohl sehr viel mehr Kreativität abverlangt.

Das Bad glänzt als Kombination aus allerliebst und Hightech: Französische Armaturen strahlen gülden poliert, das Porzellanbecken schmücken gemalte rote Röschen, alle Schränkchen, alle Regale sind adrett in zweifarbenem Holz ausgeführt. Und die Handtücher werden gewärmt. Die Duschkabine beherbergt unzählige (ehrlich: 25) Düsen und eine Plantage von Knöpfchen und Reglern (40): Sie soll zugleich als »Hydrosauna, Turbomassage und Dampfbad« zu betreiben sein. Als Dusche jedenfalls funktioniert sie einwandfrei.

Auf meinem Prospekt des Transcantabrico stehen dreizehn Crewmitglieder lächelnd vor dem Zug; bei uns sind es nur noch sieben, lächeln tun sie freilich immer noch. Die drei Damen schnipseln schon morgens die Früchte für den Obstsalat, die beiden Herren servieren, zwei andere managen wohl die Technik (wir haben ja in der Bar auch einen Compu-

ter mit Internet-Zugang, freilich langsam und unzuverlässig. Keiner von ihnen spricht auch nur ein Wort Englisch, lediglich der tunesische Kellner Ryadh radebrecht ein bisschen Deutsch: »Am letzten Tag bezahlen, ja, oder?« warnt er, als er mir den Bon für ein Glas Weißwein (4 Euro) zur Unterschrift gibt. Auch das Telefon in der Kabine ist nicht sehr kommunikativ; da meldet sich, auch nach mehreren Versuchen, zuverlässig niemand.

Von Guardo aus unternehmen wir einen Ausflug an den Pilgerweg. Schon in Carrion de los Condes, wo für einen Festtag ein kilometerlanger Blumenteppich durch die Straßen gelegt worden ist, treffen wir viele Pilger, die zu Fuß oder per Rad unterwegs sind. Auf der langen Geraden zwischen Villalcazar und Villalmentera, wo der Pilgerpfad an der Straße entlangführt, zähle ich etwa fünfzig, einzeln oder in kleinen Grüppchen, meist mit zwei Stöcken im Nordic-Walking-Stil. Wenn ich diese fünf Kilometer hochrechne auf die weiteren 470 Kilometer bis zum Ziel, verstehe ich, warum die Spanier neuerdings über die Zahl der Rucksackwanderer klagen. Zwei Tage später gehen wir auf dem nördlichen Pfad, der zwischen Santander, Santillada del Mar und Oviedo küstenlängs gen Santiago de Compostela führt; er galt als klassischer Weg für die Engländer, erscheint indes heute weniger frequentiert. Der freundliche Busfahrer Alejandro, ein Meister bei den artistischen Bergtouren in die »Picos de Europe«, beschallt uns dezent mit frommen Gesängen und teilt bei jedem Stopp die blauen Regenschirme aus, mit denen er reichlich bestückt wurde; schließlich befinden wir uns in der regenreichsten Region Spaniens, doch uns erwischen immer nur mal ein paar Tropfen.

In unserer Gruppe scheinen die meisten Spanisch zu sprechen: Ein deutsches Ehepaar lebt auf Ibiza, ein anderes in Marbella, und das – da möchte ich wetten – pensionier-

↖ Die Suiten an Bord sind großzügig dimensioniert, eine Kombination aus hübschen Hölzern und überraschendem Hightech.

↑ Die hochgerüstete Nasszelle besitzt eine Dusche, die auch als Hydrosauna, Turbomassage oder Dampfbad fungieren soll.

← Morgens um acht werden die Fahrgäste mit einer Glocke geweckt.

te Studienrat-Ehepaar aus Berlin, ständig umflattert von Karten, Broschüren und Reiseführern der kulturellen Art, lernt Spanisch auf der Volkshochschule. Nur die sechs Norweger verstehen wie ich kaum etwas, sie sind allerdings an den meisten Besichtigungen nicht so interessiert und wenden so mancher romanischen Kirchenfassade schnell den Rücken zu.

↑ Die Provinzhauptstadt Leon ist eine der Hauptanlaufstellen der Pilger auf dem Jakobsweg.

→ In Llanes trifft man auf den Gegenzug, traditionell liefern sich die Mannschaften eine fröhliche Wasserschlacht.

Noch nie habe ich mich so geärgert, dass ich kein Spanisch verstehe, wie bei den Vorträgen Annas vor den vielen Kirchen und sonstigen Sehenswürdigkeiten. Solange sie Spanisch spricht, gibt es immer wieder viel Gelächter, das muss sehr witzig sein; in der englischen Version spürt man davon nichts mehr. Mitunter hapert es dann auch mit spanischer Aussprache: »Tonight after arrival you see a wonderful ballet!« – »Ballet?« – »Yes, balley.« – ? – »Ah, valley!«

Der Zug fährt jetzt bereits in seinem 25. Jubiläumsjahr. Seine Anfänge gehen zurück auf die alte La Robla Railway, die seit 1894 auf Schmalspurgleisen Kohlen von Leon nach Bilbao brachte, später dann auch Tausende von Auswanderern, die aus dem armen Kastilien an die industrialisierte Küste zogen. Die Strecke längs der Nordküste, durch ein Stück Baskenland, Kantabrien, Asturien, Galizien, von Bilbao bis Santiago de Compostela – oder umgekehrt – misst 1267 Kilometer. Der Transcantabrico, der allerdings von Leon aus startet, nimmt sich dafür sieben Tage Zeit und verschläft die Nächte auf kleinen Bahnhöfen, damit seine Passagiere ihre Nachtruhe genießen können.

eve

Linke Seite:
↖ Langsam rollt der Zug bergan, durch den Norden der Provinz Burgos.

← Gegenüber der berühmten Kathedrale von Compostela ist fast immer etwas los, oft Folklore mit Musik und Tanz.

Rechte Seite:
↑ Die »weiße Stadt« Luarca überquert der Transcantabrico auf einem hohen Viadukt.

⇤ Der Patron des Restaurants »Los Templarios« in Villalcázar de Sigar begrüßt seine Gäste standesgemäß in Pilgertracht.

↖ Am Morgen gibt es die aktuellen Zeitungen; bis zum nächsten Stopp hat man Zeit zum Lesen.

← Dieses Rind, eine der berühmten Höhlenmalereien von Altamira, ist mehr als 12000 Jahre alt.

Beliebt sind die musikalischen Darbietungen im Gesellschaftswagen, die fast jeden Abend stattfinden.

Die kantabrische Landschaft zieht vorbei, eher lieblich als dramatisch, grüne Fluren links, grüne Büsche rechts, gelegentlich tupfen Ginster oder Raps ein paar Gelbtöne in all die grüngrünen Variationen. In den Bergen zur Linken, gelegentlich blinken Schneereste auf den Gipfeln, hängen einige Wolken, doch das Wetter hält sich. Schwarzweiße Kühe, später auch braune, gucken unserem Zug verständnislos kauend hinterher. »Gleich kommt ein schöner See, ein Wasserreservoir«, tiriliert Anna. Und tatsächlich umrunden wir einen wundersamen, fast märchenhaften See, anfangs kaum umbaut, später sieht man Urlaubshäuser, in denen man auch gern wohnen würde, ein alter Kirchturm ragt noch zur Hälfte aus dem Wasser. Den »Embalse de Ebro« hatte Franco 1945 stauen lassen und dabei die Überflutung von zwölf Dörfern in Kauf genommen.

Am Anfang hatte der Zug noch zwei Klassen, und in den Kabinen waren die Betten übereinandergestapelt. Dusche und WC wurden von den Gästen jeweils eines Wagens geteilt. Nach der Einführung der modernen Suiten entwickelte sich der Erfolg so lebhaft, dass die staatliche Eisenbahngesellschaft Feve, die für die Schmalspurbahnen im Jahr 2000 einen zweiten Transcantabrico in Dienst stellte – eine getreue Kopie des ersten. Wenn man Glück hat, trifft man den Gegenzug ganz kurz auf dem Bahnsteig in Llanes, wo die Besatzungen sich traditionell mit Wasser bespritzen. Wir folgen durch Kalabrien und Asturien dem alten nördlichen Pilgerpfad,

durch Galiziano, Santander, Santillano del Mar und das so überraschend wunderschöne Oviedo. Zugleich befinden wir uns auf einer kulinarisch höchst ergiebigen und unterhaltsamen Route. Schon das Frühstück im Zug hebt ja an mit Schinken und Würsten und Eiern und Pasteten, mit Croissants und geröstetem Brot, mit Früchten, Kuchen und Cava; und dazu werden wir mit einem Wunschkonzert aus den schwersten Stücken des klasssischen Repertoires traktiert. Mittags und abends folgen dann die Besuche in Restaurants entlang der Strecke, und stets geht es um ein drei- bis viergängiges Menü. Am Sonntag landen wir in einem folkloristischen Restaurant mit Kommunions- und Geburtstagsgesellschaften und voller Musik und Gesang, dessen Spezialität das krustig-saftige Babylamm aus dem Holzofen ist. In einem durchaus feinschmeckerischen Fischrestaurant in Santander genießen wir ein dreigängiges Seafoodmenü mit einem gegrillten Turbot als Höhepunkt. Wir lernen ganz moderne und schöne altmodische Restaurants kennen, dreimal kehren wir in den zuverlässigen Paradores ein.

Und einmal, in der Mitte unserer Reise, zwischen Arriondas und Gijon, essen wir im Zug. Nicht vom Büffet, sondern ein dreigängiges Menü, es wird serviert; Anna hat es von einem lokalen Hotel bringen lassen. Man kann wohl berechtigt sagen, es war nicht das beste Essen auf dieser Reise, auch sind die meisten Weine an Land besser als die im Zug. Doch die Sonne scheint schräg in unseren Salonwagen, der Rote funkelt im Glas, und der Transcantabrico swingt mit einem rhythmischen »Ramtam – ratataramm« über die Schienenstöße. Draußen zieht die grüne Landschaft vorbei. »Wie schmeckt es?«, fragt Anna lachend. Wunderbar, schöner kann Reisen mit der Eisenbahn nicht sein!

↖ *Eines der besten Restaurants der Reise ist das »El Raitan« im schönen Oviedo.*

↑ *Das Ziel aller Jakobspilger ist die Kathedrale von Santiago de Compostela.*

← *»Queimada« ist ein flambierter galizischer Tresterschnaps und eine Spezialität im »Los Templarios«.*

BILD: MAX GALLI TEXT: HORST-DIETER EBERT

WO ES IMMER AUFWÄRTS GEHT

MIT DEM GLACIER EXPRESS DURCH DIE SCHWEIZ

↑ *In St. Moritz wird der »Glacier Express« von einem adretten Schweizer Schaffner gestartet – natürlich auf die Minute genau.*

→ *Der »langsamste Schnellzug der Welt« windet sich – hier in seiner modernen Version – durch die Schweiz, zwischen Oberalppass und Andermatt.*

↗ *Die Bemalung lässt selbst bei älteren Passagieren keinen Zweifel: Er ist es (links)!*

Die meisten Passagiere verfolgen die Route mit Karten und Wegbeschreibungen (Mitte).

Einer der Höhepunkte: Der Glacier Express fährt über das elegante Landwasserviadukt zwischen Bergür und Filisur, 65 m über der Schlucht (rechts).

Es gibt fraglos viele geniale Schweizer. Wenn ich spontan einen nennen sollte, dann würde ich den Mann zitieren, der den Werbespruch für den Glacier Express in die Welt gesetzt hat: »der langsamste Schnellzug der Welt«. Natürlich ist das ziemlich frech gelogen, denn dass dieser Zug kein Schnellzug ist, sieht selbst einer, der nie eine elektrische Eisenbahn sein Eigen nannte. Keiner wird diese Schweizer Kleinbahn für ein Mitglied der Rheingold-, TGV-, Orient-Express-, Blue-Train-Liga halten; mit den schnellen und luxuriösen Express-Zügen dieser Welt hat er nichts zu tun. Und doch hat dieser Werbespruch ihn weltberühmt gemacht!

Als ich um neun Uhr in St. Moritz auf die Uhr schaue, da schlägt zwar keine Bahnhofsuhr, da knallen die Türen. Mit der Pünktlichkeit einer guten Schweizer Rolex setzt sich der Glacier Express in Bewegung und beschleunigt gleich so temperamentvoll, dass ich an seiner angeblich superlativischen Langsamkeit ein bisschen irre werde. Freilich geht es ja erst mal mächtig bergab, und da kann natürlich auch ein kleiner Zug groß auftrumpfen. Von St. Moritz (1856 Meter hoch) bis Bergün (1376 Meter) verliert der Glacier Express in fünfzig Minuten fast fünfhundert Meter an Höhe, da schwingen sich die Wagen geradezu übermütig von Schienenstoß zu Schienenstoß und täuschen vor, sie gehörten tatsächlich zu einem Schnellzug.

In den kleinen alten Waggons gibt es keine Abteile, sondern Vis-à-vis-Bänkchen wie aus der Zeit, in der es noch eine Holzklasse gab. Mein Wagen ist fast komplett besetzt. Mir gegenüber hat ein altes Schweizer Ehepaar Platz genommen, eines von jener verwittert und zähledern unverwüstlichen Art, wie ich sie sonst nur von knochigen Uralt-Engländerinnen kenne; es unterhält sich scheu und flüsternd in den kehligen Gaumenlauten der Gebirgler und guckt nach jedem unverständlichen Gedankenaustausch entschuldigend in die Runde – daher ist also wohl wenig Unterhaltung zu erwarten.

Meine Sitznachbarin entpuppt sich als eine sehr attraktive, aber auch sehr sehbehinderte junge Italienerin, paradoxerweise (oder deswegen?) mit einer riesigen Kameraausrüstung behängt, an der sie von jetzt an die nächsten acht Stunden ständig fingert, ohne doch jemals eine Aufnahme auszulösen. Auf meine sporadischen Konversationsversuche antwortet sie mit einem langgezogenen italienischen Wehlaut und guckt höflich fragend weit an mir vorbei.

Der Zug hat bereits seinen ersten Stopp (in Celerina) hinter sich, als ich deutsche Laute vernehme. Ein älteres deutsches Paar hat es sich auf den Plätzen jenseits des Ganges bequem gemacht. Beide machen einen

Die Sonne geht gerade auf, und bald fährt auch der Glacier Express aus dem morgendlich beleuchteten Bahnhof von St. Moritz.

nörgelig-leidenden Eindruck: »Die Fenster könnten sie auch mal wieder putzen«, reklamiert er als Erstes, obwohl die nun wirklich untadelig glänzen. Sie hantiert mit Plaids und Decken, obwohl der Zug gut geheizt ist. Offenbar hat sie das Gefühl, sich frühzeitig gegen eisige Gletscherhöhen wappnen zu müssen.

Es dauert nicht lange, bis sich das original Schweizer Alpengefühl einstellt: Von rechts blicken ein paar der durch Postkarten vertrauten, wie mit Puderzucker überstäubten Gipfel herüber. Nach meiner Karte könnte der eine gut der Piz Muragl (3157 Meter), der andere daneben der Piz Vadrett (3199 Meter) sein, vielleicht ist es aber auch umgekehrt. Und von links muhen zwar nicht, wie ich mir das in meinen allerschönsten Klischee-Vorstellungen gedacht hatte, die wohlgenährten Schweizer Rindviecher mit den Glocken um den Hals. aber es glotzen doch wenigstens die glücklichen Kühe vom Typ Bärenmarke herüber.

Auf meiner kleinen Besichtigungstour durch den Zug turne ich über den altmodisch scheppernden Übergang in den nächsten Waggon. Dort steht eine ältere, doch beschwingte Reisegruppe aus Ludwigshafen, schwer gerüstet mit optischem Gerät. Ihr Reiseleiter sitzt am Wagenende neben der Toilette auf zwei Koffern und liest ihnen von vielen losen Blättern das übliche »Jetzt sehen Sie links« und »Jetzt sehen Sie rechts« ins Mikrofon. Ich bewundere, wie folgsam die Gruppe von der einen auf die andere Seite schwappt; hier

↖ *Die ganze Schweiz ein Fotomotiv: Eine Gruppe von chinesischen Touristen erobert das Panorama mit ihren Kameras.*

↑ *Der Glacier ist ein Schweizer Zug, doch internatonal.*

← *Passagiere auf dem Bahnhof von Chur.*

herrscht jedenfalls eine sehr viel animiertere Stimmung als in meinem Waggon. Und ganz beiläufig lerne ich auch: »Unsere Strecke führt uns über nicht weniger als 291 Brücken und Viadukte, durch 91 Tunnels, und wir werden dafür sieben Stunden und 48 Minuten brauchen.«

In Reichenau-Tamis wird der Speisewagen angekoppelt, doch ich habe mich zu früh gefreut. Die Ludwigshafener Gruppe hat in Windeseile alle Plätze belegt. »Haben Sie denn auch reserviert?«, fragt mich der weißbejackte Maître streng, findet dann zwar meinen Namen, doch ich bin erst für die zweite Sitzung eingeteilt. Die findet schon in rund einer dreiviertel Stunde statt, die fröhlichen Ludwigshafener müssen sich also sputen!

Das holzgetäfelte Zugrestaurant erweist sich dann als klein und gemütlich, die Sitzbänke sind mit so altmodischen Mustern bezogen, in so betagten Farben, dass der bunte Zugprospekt nicht lügt, wenn er das »nostalgisch« nennt. Immerhin, die Tische sind weiß gedeckt, und kaum haben wir Platz genommen, beginnen die rot gewandeten Kellnerinnen aufzutischen.

Ich sitze am Ende des Wagens und offenbar direkt auf der Achse, denn es schlingert hier wie auf einem Nordseekutter bei Windstärke sieben. Die feine und durchaus noch rüstige Schweizer Dame trifft mit dem ersten Suppenlöffel das Kinn, mit dem zweiten die Nase und schüttet sich den dritten gegen die Wange; dann gibt sie auf. Sie hat so viel nicht versäumt. In diese »Kraftbrühe mit Einlage« ist dem Koch wahrscheinlich bei einer besonders ruppigen Schlingerbewegung die ganze Salztüte gefallen, so was kann unter diesen Umständen ja leicht passieren. Doch schon naht das

↑ Eine Herrenrunde mit Sekt in der ersten Klasse: St.-Moritz-Kurdirektor Hans-Peter Danuser und nach 30 Jahren eine Schweizer Legende feiert seine letzte Dienstfahrt.

→ Das dreigängige Mittagessen wird im modernen Glacier Express am Platz serviert, der alte Speisewagen hat inzwischen Seltenheitswert.

Rechte Seite: Der Zug kurvt am Schweizer Rheinufer entlang, hier zwischen Trin und Versam.

unvermeidliche »Geschnetzelte Kalbfleisch Zürcher Art« in gewaltigen Tiegeln, Berge von Rösti hinterher, die so blass sind, als hätten sie die Sonne, die doch wieder so bilderbuchhaft von einem makellos blauen Himmel scheint, nie gesehen. Die Mädchen legen reichlich nach, nicht das Geschnetzelte zwar, doch von den ungerösteten Rösti. »Sind Sie bedient?«, fragen sie beim Abservieren, und endlich kann ich dieser klassischen Höflichkeitsformel der Eidgenossen mal im schweizerischen wie im deutschen Sinn zustimmen: «Ja«, sage ich aus vollem Herzen, »ich bin bedient.«

Seit der Glacier Express am 25. Juni 1930 das erste Mal von Zermatt nach St. Moritz fuhr und die 291 Kilometer lange Strecke in elf Stunden bewältigte, hat er sich alle paar Jahre verjüngt und modernisiert, nicht immer zur Begeisterung seiner Liebhaber. Meine Erlebnisse stammen aus der vorletzten Generation des Zuges, die neueste wurde endgültig 2008 in Dienst gestellt.

Jetzt bestehen die Züge aus neuen »Premium Panorama-Wagen«, die Fenster sind noch größer, auch die Dachschrägen sind verglast, damit man die Berge hochgucken

kann, und außen wurde »Glacier Express« so groß draufgepinselt, als handle es sich um den Zug von Circus Sarrasani. Dafür sehen die neuen Interieurs der Wagen ein bisschen aus wie weiße Operationssäle, die man übermütig knallrot (in der ersten Klasse) oder kornblumenblau (in der zweiten) möbliert hat. Das Mittagessen (drei Gänge und bitte gleich bei der

GLACIER EXPRESS
UNESCO-Welterbe

Buchung bezahlen, 30 Euro) wird am Platz serviert; nur noch ein einziger Zug fährt mit dem altmodischen Speisewagen. Doch ein paar klassische Glacier-Express-Spezialitäten blieben zum Glück unverändert. Noch immer trinkt man den Wein im Zug aus den »Spezialgläsern mit dem schrägen Fuß« (auch als Souvenir zu erwerben und garantiert nie wieder zu benutzen): Der schräge Fuß soll die Schräglage der Wagen ausgleichen. »Kommt denn da wirklich mal eine Steigung oder eine Abfahrt, die ein solch windschief verkantetes Glas erfordert?«, frage ich den verblüfften Maître: »Wie bitte? Ach, nein, eine solche Schräglage habe ich noch nie erlebt! Das gibt's doch gar nicht!«

Was ebenso nicht fehlen darf, das ist die artistische Nummer mit dem Grappa. Auch wenn man keinen Schnaps will, der Maître naht, und in dessen Kniegelenke sind offenbar alle Kurven und Kehren der Strecke einprogrammiert. Er hebt die Grappa-Flasche weit über seinen Kopf, und während der Zug kreischend seine Zahnräder auf einem steilen Anstieg in die Mittelschiene schlägt, lässt er von weit oben einen dünnen Strahl in die Gläser plätschern, und kein Tropfen geht verloren.

Das wahrhaft Kulinarische findet, da sind wir uns alle einig, draußen vor den Fenstern statt. Da türmen sich die Felsendome himmelhoch, der Wildbach hüpft von Klippe zu Klippe, es grünt so grün auf satten Matten. Der Hochwald steht so starr und schweigend, als hätte er noch nie was von saurem Regen gehört. Es ist eine Fahrt durch die Bilderbücher unserer Kindheit, und ich bedaure, dass ich nicht zeichnen kann wie Tomi Ungerer (wenn der unsere alten Volkslieder illustriert). Links und rechts schnurren begierig die Videokameras, die Digitalkameras klicken und bannen auf Millionen Pixel die Bilder von fröhlichen Landleuten, die so emsig dabei sind, die Felder zu harken und die Wiesen zu polieren (und zwischendurch auch noch freundlich dem Zug zuzuwinken), dass ich den Verdacht habe, sie würden vom Schweizer Tourismusverband bezahlt.

»Guck mal, das ist doch wie in *Heidi*, oder?«, flüstert eine junge Mutter ihrer Tochter zu. Ja, auch ich habe das Gefühl, ganz woanders zu sein: In einem bunten Heimatfilm kurz nach der Erfindung von Breitwand und Technicolor. Jeden Augenblick erwarte ich, dass irgendwo das große Jodeln anhebt, Florian Silbereisen aus dem Gehölz bricht und sein Trachtenhütchen schwenkt: »Hollodrihöö!«. Aber dann pfeift glücklicherweise doch nur unsere Lokomotive – vielleicht hat sie gerade einen übermütigen Jodler von den Geleisen gescheucht ...

Linke Seite:
↖ Im Bahnhof Gornergrat genießen die Passagiere den Blick auf den berühmtesten Berg der Schweiz: Das Matterhorn ragt steil und scheinbar unnahbar 4478 m in die Höhe.

← Das Landwasserviadukt, bevor der Zug wieder im Tunnel verschwindet. Ein Foto, das sich aus dem Zug so leider nicht machen lässt.

Rechte Seite:
↖ Morgenstimmung am Gornergletscher mit der Monte-Rosa-Gruppe.

↑ Zermatts beliebtestes Ausflugsziel: der Gornergrat mit dem fast hundertjährigen Kulmhotel Gornergrat, inmitten von 29 Viertausendern in atemberaubender Lage.

BILD: OLAF MEINHARDT TEXT: NICOLE PRESTLE

WO DIE REISE NIEMALS ENDET

MIT DEM ZARENGOLD DURCH SIBIRIEN

↑ Russlands berühmteste Spezialität für Feinschmecker: Kaviar auf dem Markt von Novosibirsk.

→ Der »Zarengold« stoppt in dem romantischen Dörfchen Marituj am Baikalsee; hier fuhr einst auch die alte Baikalbahn entlang.

↗ Die Promenade am Ufer des Ob ist auch heute noch ein gern besuchter Treffpunkt (links).

Zu den vielen Sehenswürdigkeiten in Moskau gehört die Mariä-Verkündigungs-Kathedrale (Mitte).

Stets mit einem freundlichen Lächeln behilflich: die Schaffnerinnen des Zarengold (rechts).

Wir – mit Zug – nach Moskau.« Der Schweizer Tourist bemüht sich redlich. Seit Minuten redet er nun in vermeintlichem Hochdeutsch auf den alten bärtigen Russen ein. Der sitzt in Kosaken-Uniform leise lächelnd auf einer Bank, trinkt Wodka und sagt – gar nichts. Warum auch? Das Geschäft läuft ohne Worte: Wer ihn fotografieren will, zahlt einen Dollar ... Alle wollen ihn fotografieren.

Wir sind in Dorf 110. Die Ansammlung kleiner Holzhäuser liegt mitten in Sibirien. Am Baikalsee, an Kilometer 110 der Transsibirischen Eisenbahn. Daher hat das Dorf auch seinen Namen. Ein-, zweimal in der Woche hält hier ein Touristenzug, eine halbe Stunde lang. Dann steigen alle aus und fotografieren Ställe und Hütten, wo die Dorfbewohner getrockneten Fisch und eingelegte Gurken vorbereitet haben. Für wen die Begegnung unterhaltsamer ist? Schwer zu sagen.

Seit einer halben Woche rütteln wir auf der längsten Gleis-Trasse der Welt quer durch Asien und Europa. 9288 Kilometer liegen zwischen Moskau und Wladiwostok. Ein Russe würde sagen: sieben Tage und sechs Nächte, weil er Distanzen selten in Zahlen benennt. Auf der »Transsib« zu fahren, gilt als Abenteuer. Okay, vielleicht nicht, wenn man im Sonderzug fährt. Unserer heißt »Zarengold« und ist die Erfindung eines deutschen Studienrats, der die Idee hatte, auf der Transsib Russischunterricht zu verabreichen. Seit 1999 ließ er einen eigenen Zug rollen, der als bequemste Fahrmöglichkeit durch Russland gilt. Man sollte jedoch nicht unterschätzen, wie abenteuerlich eine Bahnreise mit 210 neugierigen Touristen sein kann.

Im Zug hat sich nach wenigen Tagen eine befremdliche Intimität eingestellt. Die pensionierte Lehrerin von Waggon 12 zum Beispiel, die bei Tagesausflügen immer leicht pikiert dreinblickt. Sie hat ihre Hemmungen gänzlich über Bord geworfen und läuft, nur in Slip und Büstenhalter, durch die schmalen Gänge zur Dusche. Das ist durchaus pragmatisch, denn wer dort halb nackt eintrifft, spart Zeit. Und die ist nötig: Für die große Wäsche bleiben 20 Minuten, dann kommt der Nächste. Bis zu 90 Passagiere teilen sich eine Dusche, und jeder will mal ran. Mit Ausnahmen. Eine ist der grauhaarige Herr aus Waggon 13. Er hat schon am zweiten Tag beschlossen, sich nicht mehr zu waschen. Als er es erzählte, hat er gelächelt. Im Duschplan aber ist er dann auch nie mehr aufgetaucht.

Eine Reise mit der Transsibirischen Eisenbahn ist kein Luxus-Ausflug. Das gilt für den Touristen-Sonderzug und erst recht für die regulär verkehrenden Züge. Dort gibt es lediglich Zweier-, Vierer- und Großraumabteile, die Toiletten liegen am Anfang und Ende eines jeden Waggons. Wer

PC1222P

muss, muss im Fahren: Kurz bevor der Zug in die Bahnhöfe einfährt, sperrt der Schaffner das stille Örtchen mit dem Vierkantschlüssel ab. Russlands Bahnhöfe sind sauber – und sie sollen es bleiben …

Die WC-Regel gilt auch für uns Touristen. Doch wir haben bei der Frage nach dem Reisekomfort etwas mehr Auswahl. Die Kategorie »Bolschoi« ist ein rollendes Doppelzimmer mit eigenem Bad und eigenem WC. Sündhaft teuer und – wie einige Passagiere im Lauf der Reise verraten – auch nicht ganz ohne Abstriche zu genießen. »Das Wasser schwappt vom Bad ins Abteil«, hat einer erzählt. Er hat sich trotzdem gefreut, dass er nicht sofort abends, wenn die Pläne ausgehängt werden, mit zig anderen Fahrgästen um die günstigste Duschzeit buhlen muss.

Dann sind da die Waggons, die in der Ära Chruschtschow für Regierungsmitglieder gebaut wurden; zwei getrennte Abteile, ein gemeinsamer Waschraum mit Dusche. Auch hübsch. Auch teuer. Fast alle reisen deshalb, als wären sie mit der regulären Transsib unterwegs: in Zweier- und Viererabteilen.

Die meisten »Zug-Zimmer« sind nur etwa zweieinhalb mal zwei Meter groß und die Wände dünn. Gestern kannte man den Österreicher von nebenan noch gar nicht, heute weiß man, wie sein Schnarchen klingt. Es ist Leben mit Minimalabstand. Am Tag dienen die 70 Zentimeter breiten Betten als Couch. Auf dem kleinen Tisch dazwischen zeichnet jeder mit der Zeit sein eigenes Stillleben: Wasser, Wodka, Obst, iPod, Wecker, Medikamente, Bücher … Was man eben braucht, wenn man die Welt erkundet.

Mitte des 19. Jahrhunderts war die Eisenbahn in Westeuropa und den USA schon ein beliebtes Verkehrsmittel, in Russland aber war davon kaum die Rede. Erst der Wunsch, den rohstoffreichen und strategisch wichtigen Fernen Osten zu erschließen, verhalf der Idee einer großen Bahnlinie durch Sibirien zur Realisierung. Danach ging alles recht schnell.

Linke Seite:
↖ Romantischer Blick auf den Zarengold, der bei Jekaterinburg über einen schmalen Damm rollt.

← Ein Halt mitten in der Wüste, bei Kamelen und folkloristisch gewandeten Bewohnern der Gobi.

Rechte Seite:
↖ Geschäftstüchtige Bewohner von Polowinnyi bauen Verkaufsstände auf für die nahenden Zugreisenden.

↑ Der Erfolg beim Russischkurs auf dem Zug wird mit einer Urkunde bestätigt; diese Teilnehmerin erhielt die Bestnote 5.

← Der Auftritt von Folkloregruppen in historischen Kostümen sorgt bei vielen Stopps für Extra-Unterhaltung.

Linke Seite:
↑ Frische Taigablumen und Tee, der nie ausgeht, ergeben ein stimmiges Stillleben.

→ Grüße aus der kleinen Küche: Das Essen ist schmackhaft und reichlich.

⇥ Hier wird der Tee noch auf klassische Art zubereitet, ganz ohne Beutel.

Rechte Seite:
↗ Dinner im Abendsonnenschein: So stimmungsvoll kann es im Speisewagen sein.

→ Zwischen Samtpolstern und Echtholzverkleidung reisten früher nur die Staatsgäste der russischen Regierung.

OUTSIDE

Pittoresk nur aus der Ferne: eine Datschensiedlung kurz vor Krasnojarsk.

Während im Jahr 1897 nur rund 600 000 Reisende mit der Transsib unterwegs waren, stieg ihre Zahl bis 1910 auf über drei Millionen.

Bis heute ist die Eisenbahn eines der beliebtesten Verkehrsmittel in Russland. Bei uns an Bord ist sie eines der beliebtesten Gesprächsthemen. Viele sind mitgefahren, weil sie Experten sind. Bald sind viele Experten, weil sie mitgefahren sind. Der alte Eisenbahner aus Waggon 9 zum Beispiel. Immer wenn er den Unternehmer aus Waggon 11 trifft, sprechen die beiden über besondere Vorkommnisse. Zum Beispiel, dass Russlands Breitspur nur 89 Millimeter mehr hat, als die 1435 Millimeter breite Weltstandardspur. Der kleine Unterschied sollte feindliche Züge daran hindern, in die russischen Gleise einzufahren. Oder dass wir deshalb ständig die Loks wechseln, weil die nicht zum Zug, sondern den Eisenbahngesellschaften gehören. Neues Hoheitsgebiet, neue Lok. Schon wieder was gelernt.

Wer selbst Zugchef spielen will, kann das auf der Transsib-Sonderreise. Ein Besuch beim Lokführer kostet fünf Euro. Ein bisschen teurer als der Lohn des Kosaken von Dorf 110. Dafür einen Tick spannender. Und eine Geschichte, die man noch jahrelang erzählen kann.

Unsere Höchstgeschwindigkeit liegt bei 120 Kilometer pro Stunde. Ein gutes Tempo, um die Welt außerhalb des Abteils zu beobachten. Dabei gibt es eigentlich gar nicht viel zu sehen. Der Blick aus dem Fenster ist wie ein Samstagabend vor dem Fernseher: voller Wiederholungen. Sibirien, das heißt Birken. Stunden-, ach, tagelang. Dazwischen kleine Dörfer, Bahnübergänge, Bahnhöfe. Zappen ist nicht, was aber keinen stört. Niemand würde das Programm wechseln, weil man normalerweise ja nur einmal im Leben mit der Transsib fährt. Und weil die sibirische Weite in ihrer Eintönigkeit dann irgendwie doch faszinierend ist. Über 300 Nationalitäten leben in diesem Teil Russlands. Sibirien macht 56 Prozent des ganzen riesigen Landes aus. Der Name stammt aus dem Tatarischen und bedeutet »schlafende Erde«.

Was den Tag im Zug strukturiert, sind die Mahlzeiten. Die gibt's morgens, mittags, abends, und immer gibt es reichlich. Wir kosten Borschtsch, eine Suppe aus roter Beete, Blinis, eine Art Eierkuchen – und natürlich Kaviar, zwei Sorten,

und einmal auch Wodka, fünf Sorten. Bei der Probe hat sich das sonst so einmütige Ehepaar aus Waggon 7 in die Wolle gekriegt. Er hat zu keinem der fünf Doppelten Nein gesagt, einen kleinen Nachschlag gefordert, und sich später auf dem Rückweg ins Abteil gewundert, dass sich der Zug diesmal etwas stärker nach rechts und links neigt als sonst. Dann hat er sich hingelegt und die nächsten vier Stunden Birken und Dörfer und Bahnstationen und Bahnübergänge bis zum Abendessen verschlafen.

Das Küchenpersonal schnippelt, kocht und bäckt während der Reise in Mini-Kombüsen – mit maximalem Erfolg. Salat »Russische Schönheit«. Fleischroulade nach Zarenart. Roastbeef mit kaukasischer Pflaumensoße. Unsere Speisekarte liest sich wie die des Zarenhofs. Am Ende der Reise wird jeder von uns einige Kilogramm zugelegt haben. Das entspricht ganz den russischen Vorstellungen: »Von dicken Menschen«, sagt ein Sprichwort, »braucht es viel.« Eine charmante Redensart. Wir werden sie bemühen, wenn wir zu Hause auf der Waage stehen und der uncharmanten Wahrheit ins Gesicht blicken.

Die Speisewaggons liegen in der Mitte des Zugs. Wie eine Karawane ziehen wir täglich dreimal durch die Gänge, vorbei an offenen Abteilen. Durch einen Waggon nach dem anderen. Tür auf, durchgehen, Tür zu. Tür auf, durchgehen, Tür zu. Schwerstarbeit, weil sich hier nicht wie im ICE jede Tür automatisch öffnet. Keiner will deshalb der Letzte in der Reihe sein – obwohl man als »Pförtner« einen Teil seiner Kalorien schon abtrainiert, bevor man sie überhaupt zu sich genommen hat.

Hunderte von Händen greifen täglich an diese Zugtüren. Das ist nicht gerade hygienisch. »Meine lieben Leute, nehmt feuchte Tücher«, hat unsere Reiseleiterin Olga uns deshalb gleich am ersten Tag eingebläut und das »ch« schabte ein wenig an ihrem Gaumen. Olga ist eine sehr lustige Frau, bei diesem Thema aber versteht sie keinen Spaß. Hände abwi-

↖ *Fliegende Händler auf dem Bahnsteig bieten Edelfische aus dem Baikalsee an.*

↑ *Sie lächelt nicht nur für die Kamera: Schaffnerin mit roter und grüner Flagge unter dem Arm.*

← *Die Waggons werden seit Jahr und Tag mit Kohle beheizt.*

↑ Im Kasaner Bahnhof von Moskau liegt gewissermaßen Kilometer Null der Transsibirischen Eisenbahn.

↗ Abfahrt aus dem Kasaner Bahnhof nach Osten: Von hier geht es in Richtung Sibirien.

→ Ein Hauch aus dem Zarenreich umweht die beiden stolzen Kosaken in traditioneller Uniform.

schen vor dem Essen ist Pflicht. Deshalb steht an jedem Tisch eine große Packung feuchter Tücher.

Fast jeden Tag hält der Zug in einer der größeren Städte, die zwischen Wladiwostok und Moskau liegen. Khabarowsk, Irkutsk, Novosibirsk, Jekaterinenburg, Kasan ... Es sind junge, belebte, saubere Städte. Städte, in denen überall Baukräne und Rohbauten stehen, in denen U-Bahnen gebaut werden, auch wenn sie oft nur drei Stationen haben. »Mein Land ist in Aufbruchstimmung. Wir waren so lange arm. Jetzt wollen wir leben, aufholen, uns präsentieren«, sagt Olga. Nie spricht sie von »Russland«, sondern immer nur von »meinem Land«.

Olga kommt aus Moskau, der teuersten Stadt Russlands, der Stadt der Superlative. Hier leben die reichsten Menschen. Hier siedeln sich die größten Firmen an. Hier entstehen die ehrgeizigsten Bauprojekte. Man kann in Moskau alles kaufen, was das Herz begehrt – wenn man Geld hat. Im mondänen Kaufhaus Gum am Roten Platz kostet das Prada-Täschchen gleich ein wenig mehr, als man in Paris oder London dafür hinlegen müsste.

Einige wenige können es sich leisten: Russland steht weltweit an dritter Stelle der Länder mit den meisten Milliardären. Doch alles ist relativ. Der Durchschnittslohn liegt bei gerade mal 800 Euro. Und so bekommen die meisten nicht mehr vom Luxus ab als den sehnsüchtigen Blick durchs Schaufenster.

St. Petersburg steht der russischen Hauptstadt an Prunk nicht im Geringsten nach. Auch wenn die klassische Route der Transsibirischen Eisenbahn in Moskau endet, die erste Bahnlinie Russlands führte 1837 von Peter in den kleinen Vorort Pawlovsk. Dort residierte die Zarenfamilie – in prunkvollen, goldgetäfelten Schlössern. Um uns Russland-Besucher daran zu erinnern, heißt unser Sonderzug »Zarengold«. Alles, was in Russland größer, schöner oder merkwürdiger ist, heißt Zar oder Iwan.

Am letzten Abend im Sonderzug breitet sich eine seltsame Stimmung aus. Die pensionierte Lehrerin von Waggon 12 hat bereits drei Gläser Wodka getrunken, doppelte, und

singt jetzt begeistert Dschinghis Khans alten Schlager »Moskau« mit, der über Bordfunk durch die Speisewagen schallt. Der grauhaarige Herr aus Waggon 13 schwärmt seit Minuten in höchsten Tönen von der Dusche, die ihn in seinem Moskauer Hotel erwarten wird. Mit dem schnarchenden Österreicher vom Nebenabteil haben wir uns angefreundet, irgendwo zwischen Asien und Europa. Als wir die Grenze zwischen beiden Kontinenten überquerten, haben wir gemeinsam gefeiert. So ist der Mensch: Er reist Tausende von Kilometern, nur um zu jubilieren, wenn er wieder in vertraute Gefilde kommt.

Diese Nacht wird nicht so schnell zu Ende sein. Einmal noch lassen wir uns im Rhythmus der Gleise durch die Landschaft rütteln. Vorbei an Birken, kleinen Dörfern, Bahnübergängen. Lassen uns von dumpfem Dröhnen wecken und wissen, dass wir keinen Zusammenstoß hatten, sondern nur eine neue Lok bekommen haben. Am Morgen werden wir in Russlands Hauptstadt ankommen. Wir – mit Zug – in Moskau. Ein Abenteuer ist zu Ende.

↑ *Die Ausflugsschiffe fahren bis spät in die Nacht, denn vom Fluss aus bietet die Stadt die schönsten Ansichten.*

← *Iwan des Schrecklichen schönstes Erbe und Moskaus Fotomotiv Nummer eins: die Basiliuskathedrale aus dem 16. Jahrhundert.*

BILD: SAMMY MINKOFF TEXT: SYLVIA LOTT

WO SELBST IM JUNI SCHNEE LIEGT

MIT DEM COASTAL CLASSIC DURCH ALASKA

↑ Das Wappen der Alaska Railroad Corporation, die bereits 1914 gegründet wurde.

→ In einer Kurve auf dem Weg von Anchorage nach Fairbanks lohnt sich ein Blick zurück.

↗ Vor dem Zug in Seward: unsere Zugbegleiter Teri und Erik Forland (links).

Im Tierpark des »Alaska Wildlife Conservation Center« kann man den Moose, den größten aller Elche und amerikanisches Wappentier, bewundern (Mitte).

Eine unserer freundlichen Begleiterinnen: die Schaffnerin Wanda Robinson (rechts).

Bilder voll gigantischer Schönheit gleiten an uns vorüber, nordische Natur in XXL. Seltsamerweise auf der rechten Seite wie in einem Schwarz-Weiß-Film, und links in Farbe. Rechts sehen wir Wasser, Wolken, Weite in allen Grauabstufungen. Links mal ganz nah, mal fern: schroffe Berghänge mit Schneeflecken, dunkelgrüne Nadelwälder, zartgrünende Birken und Espen, lilablühende Weidenröschen (Fireweed), grünrotbraune Sümpfe mit Baumstümpfen und Inselchen – Vogelparadiese.

Der Zug verlangsamt sein Tempo für jedes Bergschaf, selbst wenn es nur als heller Punkt in den Gebirgsfalten unter schneebedeckten Gipfeln umherhüpft. »Dall Sheep! Dall Sheep!«, jubelt das in Anoraks vermummte Reisevolk, das sich mit gezückten Kameras auf Freiluftaustritten zwischen den Waggons drängt, als hätte es noch nie ein Schaf gesehen. Andere sitzen im Dome, der verglasten Aussichtsplattform im zweiten Stock und versuchen, ihre Eindrücke zu sortieren: Sind sie hier dem Anfang der Schöpfung näher – oder dem Ende der Welt?

Alaska, so heißt es, kann man nur hassen oder lieben. Jene, die es lieben, fühlen sich wie hypnotisiert von der Weite. Für sie bedeutet »the last frontier« mit ihrer ungezähmten Wildnis die große Freiheit. Und in der Alaska Railroad (ARR) lässt sie sich ohne Risiko bequem erfahren. Wir haben nicht den Denali Star Train gewählt, den typischen Touristenzug von Anchorage gen Norden nach Fairbanks in Zentralalaska. Der hat zwar schon seit 2005 auch den GoldStar-(Erste Klasse)-Service in zwei Waggons, den »unser« Zug erst seit 2008 in einem offeriert. Er braucht aber für 568 Kilometer (355 Meilen) zwölf Stunden, und die Aussicht ist streckenweise doch recht gleichförmig: Taiga, Taiga, Taiga. Unterbrochen von den Highlights Alaska Mountain Range, dem Denali National Park samt einem meist wolkenverhangenen Mount McKinley, dem höchsten Berg Nordamerikas (6194 Meter), sowie Überquerungen einiger unglaublich breiter, um Sandbänke mäandernder Flüsse. Ansonsten, wie gesagt: Taiga, Taiga, Taiga.

Nein, wir haben uns für den Liebling der locals entschieden, den auch eher nationale als internationale Touristen nutzen: den Coastal Classic Train. Er bietet in nur viereinhalb Stunden auf 182 Kilometern (114 Meilen) eine atemberaubende Dichte einzigartiger Landschaften und Stimmungen. Alaska compress gewissermaßen.

Bei strahlendem Wetter wäre die Fahrt wahrscheinlich so schön, dass man es gar nicht aushalten könnte. Deshalb hat die Natur Vorsorge getroffen und dem Himmel über der Strecke von Anchorage nach Seward eine Neigung zur Wolkenbildung geschenkt. Wir sind früh gestartet. Es

CONDUCTOR

ALASKA

ALASKA
4325

ist Anfang Juni, noch vor dem großen Touristenansturm in den wenigen Sommerwochen. Man ahnt schon die Mittsommernächte, es wird kaum mehr richtig dunkel. Aber heute auch nicht richtig hell. So fahren die meisten Passagiere, die wie wir in Richtung Süden zum Seehafen Seward wollen, müde in den Tag hinein.

Der blaugelbe Zug tutet zweimal lang, zweimal kurz; wie in einem alten Western. Das macht er immer so, vor Kreuzungen und Brücken. Zweimal lang, zweimal kurz. Unverkennbar, ein akustisches Stück Heimat für alle Alaskaner – rund 670 000 Menschen, von denen 70 Prozent in relativer Nähe zur ARR-Bahnstrecke leben. Dabei ist deren gesamtes, 1923 eingeweihtes Schienennetz nur 800 Kilometer lang (gut 500 Meilen, inklusive ein paar Nebengleisen) und isoliert vom Rest des nordamerikanischen Streckennetzes.

In unserem Abteil (Adventure Class) riecht es nach Diesel und Linoleum. Wir relaxen in komfortablen, gut eingewohnten Polstersesseln. Die Aircondition sorgt für Zug im Zug. Unser Waggon stammt aus den sechziger Jahren, vor ihm und dahinter hängen auch welche aus den Fünfzigern und Achtzigern, der Speisewagen rangiert stilistisch zwischen Art Deco und American Diner. Alles noch nicht als Youngtimer entdeckt, sondern im Vollbesitz der Alltagspatina, die echte Fans höher schätzen als allzu Glattrestauriertes.

Im Schleichgang verließ der Zug das schlafende Anchorage, mit 260 000 Einwohnern die größte Stadt im Staate. Sie verdankt ihre Existenz letztlich der Railroad. Denn hier wurde einst die Zeltstadt Ship Creek aufgeschlagen, um auf Geheiß der US-Regierung eine Verkehrsverbindung von den Goldminen um Fairbanks und den Kohlevorkommen von Matanuska zum Seehafen Seward zu bauen. Anchorage ist nicht hübsch, aber, wie die Einheimischen selber spotten, nur eine halbe Stunde von Alaska entfernt. Vom wahren wilden Alaska. »Alyeska« nennen es die Aleuten, die neben Indianern

Linke Seite:
↖ Im letzten Sonnenstrahl: der blaugelbe Zug zwischen Seward und Anchorage.

← Tikis Railbar, gut für Snacks und Drinks, bietet ein Kontrast-Design, fast wie in der Südsee.

Rechte Seite:
↖ Hier kommt der Gegenzug, den Schaffner Vern Gillis auf der Lokomotive dirigiert.

↑ Ein Schwarzbär ist hier keine Seltenheit, jedenfalls nicht im »Alaska Wildlife Conservation Center«.

← Der Lieblingsplatz der Hobbyfotografen ist die Aussichtsplattform mit Blick auf die wunderbare Landschaft.

Linke Seite:
↓ Sie ist eine Studentin aus Fairbanks und jobbt bei der ARR als Souvenirverkäuferin.

→ Besonders Fotografen freut es: In jedem Wagen gibt es vorn und hinten eine Plattform, von der man ohne störende Fenster nach draußen gucken kann.

Rechte Seite:
↗ Der Luxus der ersten Klasse: Man sitzt im Oberdeck und genießt den Blick aus großen Panoramascheiben.

→ Der Speisewagen befindet sich im Unterdeck – hell, bequem und mit Preisen erster Klasse.

und Eskimos lange vor den Weißen hier zu Hause waren, »das weite Land«. Gut viermal so groß wie Deutschland ist der jüngste und größte Staat der USA. Viermal Deutschland und gerade so viel Einwohner wie Frankfurt am Main ...

Kein Wunder also, dass wir bei der Fahrt durchs Wohnviertel am »Oceanway« vor vielen Häuschen auf dem Rasen ein kleines Sportflugzeug sehen konnten. Jeder fünfzigste Alaskaner besitzt eine Fluglizenz. Weder Straßen noch die Bahn führen überallhin. Obwohl andererseits die ARR durch Regionen rattert, die man sonst nie zu Gesicht bekommen würde, und auf einer Nebenstrecke nahe Talkeetna sogar noch wie in alten Zeiten per Flagstop hält. Einfach winken – Zug bremst.

Unsere durchschnittliche Reisegeschwindigkeit liegt bei 30 bis 35 Meilen pro Stunde. Entzückensschreie reißen die letzten Passagiere aus ihrer Morgenlethargie: »Moose!« Eine Elchkuh! Sie trottet neben den Gleisen her. Ein Ehepaar aus Fairbanks erzählt, dass Elche im Winter die schneegeräumten Gleise als Wanderwege sehr praktisch finden, und die ARR deshalb spezielle »Elchschaufeln« vor die Lokomotiven montiere. Damit verliefen Kollisionen für die Maschinen glimpflicher. Für die Elche allerdings nicht. Von Mitte September bis Mitte Mai rollt der Bahnverkehr nur eingeschränkt. Der Aurora Winter Train hat jedoch seinen besonderen Reiz, weil dann Nordlichter am Himmel tanzen.

Über Lautsprecher erklären Bahnbegleiter die Strecke. Es sind Highschool-Absolventen aus Alaska, die ihren Sommerjob oft als Einstieg in die Tourismusbranche nutzen. Das Wasser auf der rechten Seite heißt Turnagain Arm. In diesem Ausläufer des Cook Inlet musste Captain Cook anno 1778 die Suche nach der Nordwest-Passage aufgeben und umkehren. Der Turnagain Arm mit einem Tidenhub von 18 Metern (!) macht sich momentan ganz friedlich breit. Halb glitzerndes milchiges Wasser, halb Schlicklandschaft. Ihre braungräuliche Eintrübung verdanken beide dem Silt – dem in den Flüssen fein geriebenen Gestein.

Während wir im Speisewagen ein deftiges Frühstück genießen, passieren wir die Bahnstation Girdwood. Hier befindet sich das niedrigste Skigebiet der Erde mit einem luxuriösen Resort, dem Alyeska-Ski-Resort. Und dann kommen wir an Portage vorbei. Die Reisenden werden stiller. Portage existiert nicht mehr. Das große Erdbeben von 1964, das zweitstärkste je auf der Welt gemessene, zerstörte den Ort. Ebenso gnadenlos, wie es auch einen Stadtteil von Anchorage im Turnagain

GRAND CANYON

Arm verschluckte und viele Meilen Bahnstrecke zerstörte. Da die ARR nicht nur Passagiere, sondern auch Frachtgut transportiert, ist es der große Ehrgeiz der Staatsbahn, selbst nach Naturkatastrophen so schnell wie möglich wieder als Lebens- und Versorgungsader des Landes zu pulsieren. Doch die ersten 1,6 Meilen der ARR in Seward fehlen bis heute, sie verrosten auf dem Grund der Resurrection Bay.

Der Regen punktet feine Tropfenbahnen schräg über die Panoramascheiben. Es hat eine eigene Ästhetik. Grau in grau. Steingrau, Nebelnieselgrau, Donnerwolkendunkelgrau ... Hier scheinen die Schattierungen von Grau ihre Heimat zu haben. Doch wir machen eine interessante Erfahrung: Das Auge gewöhnt sich daran und beginnt, farbige Nuancen in den Schwarz-Grau-Weiß-Bildern wahrzunehmen.

Vor allem, als wir auf der Kenai-Halbinsel einen Pass hoch müssen. Gut, dass die Diesellok (SD70 MAC) mit 4300 PS ziehen kann! Auf einmal leuchtet die Umgebung schneeweiß. Anfang Juni! Was für ein Szenario, hollywoodreif: Verharschter, mindestens ein Meter hoher Schnee ist braunrot eingefasst, es wirkt wie Rost oder altes Blut an den Rändern. Eine bestimmte Flechtenart gibt ihre Farbstoffe ab. Dunkelgrüne Nadelbäume und schiefe Holz-Strommasten ragen aus dem Schnee, es riecht nach Winter. Der Zug kurvt durch eine Alptraumlandschaft. Es ist bedrückend und schön, mächtig und melancholisch. Flüsse und Bäche strömen milchig-türkis durch diese seltsamen Impressionen. Fünf Tunnel kommen nun, in kurzer Folge. Der Zug schleicht, er hält sogar, damit wir den ersten von drei Gletschern möglichst lange betrachten können: den großen Spencer Glacier. Nur eine Meile von uns entfernt leckt er wie eine riesige Kristallzunge durchs Tal. Sein Anblick bringt Menschen, die nur noch durch Displays in die Welt schauen, zu diszipliniertem Drängeln in Zweierreihen.

Zwischen dem vierten und fünften Tunnel wartet wieder eine spektakuläre Szene, die aber nur acht Sekunden lang zu sehen ist: Ein reißender Fluss fräst sich durch die Landschaft. Glitzernd aufgewühltes Türkis durch erstarrtes Schneeweiß mit Spots in Birkenhellgrün und Tannendunkelgrün und Rändern in Flechtenrostbraun und vorneweg natürlich immer das Gelb-Dunkelblau der Alaska Railroad.

In Seward stehen schon Busse bereit, um uns zum Hafen zu fahren. Es nieselt. Wie grau es war, erkennt man erst hinterher auf den Fotos. Aber nein, so grau kann es unmöglich gewesen sein.

Linke Seite:
↖ Alaskas Mount McKinley ist mit 6194 Meter der höchste Berg Nordamerikas und nur selten so wolkenlos zu sehen.

← Auf dem Weg von Seward nach Anchorage spiegelt sich der berühmte Berg im See.

Rechte Seite:
↖ Stolz thront Lokomotivführer Keith Aleksoff auf dem Pilotensitz seiner gewaltigen Dieselmaschine.

↑ Im Denali Nationalpark: Rangerin Mary Mikulla erklärt, wie man mit Schlittenhunden arbeitet.

BILD: AXEL M. MOSLER TEXT: ANGELIKA BLOCK

WO MAN PRÄRIE SATT GENIESST

MIT DEM CANADIAN VON VANCOUVER NACH TORONTO

↑ *Die elegante Speisenkarte der Silver & Blue Class im »Canadian«.*

→ *Im Licht der untergehenden Sonne in den Weiten Ontarios verwandelt sich der silberfarbene Zug in einen Goldexpress.*

↗ *In Sioux Lookout, Ontario, hat der Zug 35 Minuten Aufenthalt: Da kann sich auch mal die Crew die Beine vertreten (links).*

Vancouver Station. Lokomotivführer Garry Bereska kann sich bei einer Zuglänge von 21 Waggons nur per Walkie-Talkie mit den Kollegen verständigen (Mitte).

Die Rocky Mountains von Alberta – die Bergsilhouette aus der Sicht der Lokführer (rechts).

Es erklingt »Chattanooga Chou Chou«, Glenn Millers Zug-Klassiker. Gespielt wird er von James, der One-Man-Band, die mit Trompete und Keyboard fast so eine Art Big-Band-Sound zustande bringt. Bei Sonnenschein, Kaffee, Gebäck und Fruchtsaft sitzen rund 50 Erste-Klasse-Passagiere auf der Terrasse des Bahnhofs von Vancouver und lassen sich auf die Fahrt mit dem legendären »Canadian« einstimmen, Kanadas Flaggschiff auf Schienen, die Nummer eins, wenn man die Tour von Toronto nach Vancouver macht, jetzt, in umgekehrter Richtung, »nur« Nummer zwei.

Punkt 17.30 Uhr stehen 21 Edelstahlwagen aus den fünfziger Jahren bereit, gezogen von drei Lokomotiven. Jerry, unser Schlafwagenbetreuer, steht an der Tür und hilft beim Einsteigen. Mein Abteil befindet sich im Wagen der »Silver & Blue«-Klasse, der Luxusklasse. Die Betten an der Wand werden erst zur Nacht heruntergeklappt. Jetzt blickt man von zwei Sesseln auf ein Mini-Waschbecken mit Spiegel und auf die Tür zur eigenen Toilette. Zum Glück gibt es den Dome-Car, den Aussichtswagen mit Glaskuppel, die einen 360°-Blick über die zu erwartenden Highlights kanadischer Landschaften ermöglicht. Dort erwische ich gerade noch den letzten von 24 Plätzen.

Dann tönt es plötzlich »It's Champagne-time«, und John, einer der Zugbegleiter, jongliert mit einem Tablett durch den Aussichtswagen. Der Willkommenstrunk in Plastikbechern entpuppt sich als Asti Spumante. Doch dazu dürfen wir uns Kanapees mit Frischkäse, Lachs oder Krabben aussuchen. Kurz danach lädt uns eine weibliche Stimme über Lautsprecher zum Dinner ein. Allerdings ist jetzt erst die »Frühschicht« dran. Die Mahlzeiten im Canadian müssen aus Platzgründen in zwei Schichten eingenommen werden. Wir haben die Vororte Vancouvers hinter uns gelassen und fahren am Fraser River entlang. Am westlichen Ufer des Flusses stehen Trauerweiden und kleine, gemütliche Holzhäuser – fast ein Idyll, wären da nicht auf der anderen Uferseite die Entsorgungsstätten der Pazifikmetropole: Autoschrottplätze, alte Container, stillgelegte Fabriken.

Dann ist die zweite Schicht mit Essen an der Reihe. Brian, der Service-Manager, weist uns einen Platz im Speisewagen zu und präsentiert die Speisenkarte: Zwei Vorsuppen, Filets vom Rind, Huhn und Lachs sowie diverse Desserttörtchen machen die Entscheidung schwer. Ein Blick zum Nachbartisch, an dem sich ein Herrenquartett bereits das Rind mit Kommentaren wie »perfect« und »great« munden lässt, gibt den Ausschlag. Während des Essens genießen wir das Ambiente des im Art-déco-Stil eingerichteten »Silver & Blue-Train«: Stühle, bezogen mit dunkelblauen

With lutein
and extra DHA
omega-3 polyunsaturates
compared to a regular omega-3 egg
NATUREGG

VIA
Canada
8715
EMERGENCY ONLY
URGENCE SEULEMENT

Hussen, Tische mit weißem und blauem Leinen eingedeckt, weiße Leinenservietten, weißes Porzellangeschirr. Nach dem köstlichen Dinner, das der Bordkoch in einer zehn Quadratmeter kleinen Küche gezaubert hat, nehmen wir noch einen kleinen Schlummertrunk im Dome Car.

Am nächsten Morgen blicken wir aus dem Abteilfenster auf die grandiose Landschaft der Rocky Mountains: bewaldete Berge, Wasserfälle, dann wieder ein See, alles in fahles Morgenlicht getaucht. Also schnell raus aus den Federn. Die Dusche am Ende eines jeden Waggons entpuppt sich als erfreulich geräumig. Dann geht's auf zum Frühstück! Der Kanadier hat es gern etwas üppig, als müsste er jeden Tag mehrere Hektar Wald fällen, mit Grizzlys kämpfen und Wale jagen: als Basis Eier – gerührt, gekocht, pochiert oder als Spiegeleier, dazu Bratwurst, kross gebratener Schinkenspeck, »Ham« (ein zwei Zentimeter dickes Stück Fleisch), Bratkartoffeln, dick gebutterter Toast, Müsli und Blaubeermuffins. Wir fahren nun durch endlose Waldgebiete, neben uns mäandert der tiefgrün schimmernde Fraser River. Leider lassen die tiefhängenden Regenwolken nur selten einen Blick auf die teilweise noch jetzt im Juli mit Schnee bedeckten Berggipfel der Rocky Mountains zu. Keine Chance, einen Blick auf den Mount Robson, den höchsten Berg der kanadischen Rockies, zu erhaschen!

Gegen Mittag erreichen wir Jasper, den bekannten Wintersportort. Der Canadian hat hier einen eineinhalbstündigen Aufenthalt. Die Zeit reicht, um den kleinen, charmanten Ort zu erkunden. Dann setzen wir die Fahrt mit dem Canadian Richtung Toronto fort. Die Hebel der 2000-PS-Zugmaschine werden von Justine bedient, einer der drei Frauen, die als Lokomotivführerinnen in VIA Rails Diensten stehen. »Meine drei Kinder sind ein gutes Training, sich hier unter den Männern zu behaupten!«, meint Justine. Doug, der zweite Lokführer, stichelt: »'ne Frau als Lokführer – also mir ist da immer

Linke Seite:
↖ Einfahrt des Canadian in den winzigen Bahnhof der zweitgrößten Stadt Albertas, Edmonton.

← Der Dome Car im Art-déco-Design, kurz vor der Abfahrt in Vancouver Station. Dreimal in der Woche ist Abfahrt für die mit 4466 km zweitlängste Strecke der Welt.

Rechte Seite:
↖ Passagiere unterschiedlichster Nationalitäten treffen sich zum gemütlichen Plauderstündchen im hinteren Teil des wohnzimmerartigen Dome Car.

↑ Auch der Spiegelschrank über dem Waschbecken ist im Art-déco-Stil gehalten.

← Platz ist in der kleinsten Hütte! Nicht besonders groß ist die Doppelkabine in der Silver & Blue Class, aber gemütlich.

SAND PIPER

Linke Seite:
↖ Eine Fahrt durch die Prärie macht hungrig. Die vielfältige Speisekarte verspricht Abhilfe.

← Im Speisewagen wird zu jeder Mahlzeit ein anderes Tischdekor gewählt. Wer die zweite Reservierung wählt, kann in Ruhe genießen.

Rechte Seite:
↑ Das Jonglieren der Speisen im schaukelnden Zug will gelernt sein.

← Für einen Spaß immer zu haben! Die beiden Köche in ihrer Kombüse beim Zubereiten des Frühstücks.

↤ Mittags Hähnchenbrustfilet mit einer italienischen Gemüsesauce.

↵ Abends wird höchst schmackhaftes Hirschfilet serviert, mit Schalotten und Pilzen.

↑ *Zugbegleiterin Brigitte verbreitet den ganzen Tag über gute Laune und ist zu einem Foto gern bereit.*

↗ *Riesige Wälder säumen die Strecke auf dem Weg von West nach Ost.*

→ *Justine Chambers ist eine von drei Lokomotivführerinnen im Dienste der Via Rail.*

mulmig.« – »Keine Angst, ich bin ein Naturtalent. Meine Lizenz hab ich nach einem halben Jahr bekommen – und seitdem nie einen Unfall!«

Crew-Wechsel in Edmonton! Kaum hat der Zug den winzigen Bahnhof der Ölmetropole verlassen, wird er zum »feurigen Elias«. Jetzt drischt John auf die 2000 Pferdchen ein, und die zwei Lokomotiven – die dritte ist kaputt! – zeigen, was in ihnen steckt! Zum Dinner verläuft die Fahrt so rasant, dass man kaum den Löffel mit der vorzüglichen Fischcremesuppe zum Mund führen kann. Vernon, unser charmanter Kellner, scheint mit dem auf den Schienen tanzenden Zug kein Problem zu haben: Er balanciert den Merlot kanadischer Herkunft gekonnt zu seinem Ziel. Auf echte Kerzen müssen wir aus Sicherheitsgründen verzichten, stattdessen sorgen batteriebetriebene Windlichter für festliche Illumination.

Saskatchewan und Manitoba, die kanadischen Bundesstaaten, deren Grenzen auf der Landkarte offenkundig mit dem Lineal gezogen wurden, sind eigentlich eher eintönige Prärieprovinzen. Schnurgerade rattert der Zug durch die »Kornkammer Kanadas«. Vorbei geht's an Getreidefeldern, an einem Meer aus Gräsern, an knallgelben Rapsfeldern, die mit der Sonne um die Wette strahlen. Hin und wieder eine Farm oder eine der »Kathedralen der Prärie«, ein Getreidespeicher. Doch nirgendwo sonst wird die legendäre Weite Kanadas offensichtlicher, erfährt man die riesigen Ausmaße dieses zweitgrößten Landes der Welt deutlicher als hier. Die Prärie lässt einen wirklich zur Ruhe kommen; hier gibt es keine Hektik, keinen Stress, keine Reizüberflutung.

Allmählich lernen sich die Mitereisenden näher kennen: Für Pam und Nick aus dem australischen Perth ist die Tour mit dem Canadian Teil ihrer Reise durch Nord- und Südamerika. »So komfortabel haben es meine Vorfahren in Kanada nicht gehabt, die waren noch zu Fuß und mit Pferden unterwegs«, sagt ein älterer Herr aus Kalifornien. »Vor allem ist es

Auf dem oberen Deck des Dome Car lässt es sich wunderbar entspannen.

Auf dieser langen Zugreise müssen die Kinder bei Laune gehalten werden. Das Personal macht es vor: Karaoke- Vorführung zu »YMCA« der Village People.

im Zug so schön kühl!«, meint das Paar aus Florida. Allerdings powert die Klimaanlage des Canadian trotz unserer Proteste ständig auf höchster Stufe – angeblich ein technisches Manko des betagten Zuges.

Erst gegen Mittag des folgenden Tages ändert sich allmählich das Bild. Siedlungen tauchen auf. Am Horizont zeichnet sich die Skyline Winnipegs ab. Östlich der Hauptstadt Manitobas, im südlichen Teil des Kanadischen Schilds, durchfahren wir stundenlang eine Landschaft aus zahllosen Sümpfen, Seen und Flüssen, vor Millionen von Jahren durch die Eiszeit geformt. Unvorstellbar, dass der Bau einer Eisenbahnstrecke in diesem Gebiet überhaupt möglich war! Mittlerweile habe ich meinen Platz im Aussichtswagen geräumt. Der 835. See ist dann doch nicht mehr so spannend. Außerdem knacken sämtliche vier Mitglieder einer chinesischen Familie

2577
2577

unentwegt und geräuschvoll Kürbiskerne, was die beruhigende Wirkung der Landschaft zunichte macht. So geselle ich mich unten im Servicewagen zu Jean-Luc und Alain, zwei Franzosen aus Lyon, die sich gerade köstlich über die zuginterne Lektion zum »effektiven Händewaschen« amüsieren. Das Plakat in der kleinen Bordtoilette klärt den Fahrgast über sämtliche Schritte vom Anfeuchten bis zum Abtrocknen der Hände auf.

Dritter Tag an Bord unseres fahrenden Hotels! Wir haben mittlerweile die Provinz Ontario erreicht. Die anfangs noch ausgedehnten Nadelwälder weichen allmählich einem urwaldähnlichen Sumpfgebiet. An manchen Stellen ragen nur nackte Baumstümpfe gespenstisch in den Himmel. Endzeitstimmung. In der Nähe von Sudbury, der »Nickelhauptstadt der Welt«, haben die Emissionen der Hüttenwerke die Umwelt stark geschädigt. Dann werden die Wasserflächen größer. Immer häufiger sieht man Kanuten und Angler. Die Ufer der Seen nördlich des Huronsees sind von Ferienhäusern und Hotels gesäumt. Vor jedem Gebäude liegt ein Boot. Kinder tummeln sich im Wasser, während wir mit dicken Winterpullovern im Dome Car sitzen, dessen Temperatur durch die Klimaanlage eher an Glühwein, denn an sommerliches Baden denken lässt.

Um 23 Uhr erreichen wir mit dreistündiger Verspätung Toronto. Die Stadt am Ufer des Ontariosees empfängt uns mit Festbeleuchtung. Die Fenster der imposanten Wolkenkratzer sind allesamt beleuchtet, obwohl kein Mensch mehr in den Büros arbeitet. Wir steigen aus, immer noch dick eingemummelt. 35° Celsius zeigt das Thermometer am Bahnhof! Hinter uns liegen 4500 Kilometer, 77 Stunden, vier Zeitenwechsel, 10 000 Seen, 1000 Rapsfelder und zahllose unvergessliche Momente …

Linke Seite:
↖ Hinter jeder Kurve bieten die Rocky Mountains ein neues Panorama.

← Im Jasper National Park. Manchmal begegnet man den kilometerlangen Güterzügen der Eisenbahngesellschaft Canadian National. Vier Lokomotiven ziehen bis zu 150 Waggons.

Rechte Seite:
↖ Selbst an den allerkleinsten Bahnhöfen, wie hier in Ottermere, hält der Canadian – allerdings nur, wenn man seinen Zusteigewunsch Via Rail 48 Stunden zuvor kundgetan hat.

↑ Blaue Stunde an den riesigen Seen von Ontario.

← Wie zu Zeiten der Goldgräber wird in Jasper das Gepäck mit alten Karren in den Zug verladen.

BILD: AXEL M. MOSLER TEXT: ANGELIKA BLOCK

WO DER ZUG AUCH SCHULE MACHT

MIT DEM OCEAN VON MONTREAL NACH HALIFAX

↑ Auf den größeren Bahnhöfen kommt der Tankwagen direkt zu den Diesellocks.

→ Zu spätabendlicher Stunde legt der »Ocean« einen Stopp in Charny ein.

↗ Der Ocean ist im unterirdischen Bahnhof von Montreal abfahrbereit (links).

René beim Zubereiten des Frühstücks. Natürlich unverzichtbar: Omelette, Speck und Würstchen (Mitte).

Das kleine Bahnhofsgebäude von Charny, einem Ort in der Nähe von Quebec City auf der südlichen Seite des St. Lorenz Stroms (rechts).

It's raining cats and ...?« – » ... dogs!« – Mehrstimmig vervollständigen alle brav die Redensart, die aus der Feder des Thomas Chandler Haliburton, einer lokalen Geistesgröße des 19. Jahrhunderts, stammen soll. Hier, im Panoramawagen des »Ocean«, jenes Zuges, der in rund 23 Stunden die Atlantikprovinzen New Brunswick und Nova Scotia mit Quebec verbindet, kann man nicht einfach so die Landschaft an sich vorbeiziehen lassen! Vorausgesetzt, man hat die Luxusklasse gebucht und ist bildungswillig! Die kleine, durchaus lehrreiche Quizveranstaltung ist Teil der Maritime Learning Experience, einer Serviceleistung, mit der VIA Rail, die kanadische Eisenbahngesellschaft, den Ocean attraktiver machen möchte. Dafür hat man eigens ausgebildete Learning Coordinators eingestellt und in schmucke karierte Westchen gekleidet, die ihnen etwas Honoriges verleihen.

Seit gestern Abend 18.45 Uhr sitze ich im Zug, um an dieser Maritime Learning Experience teilzuhaben! Seit 1904 befördert der Ocean Fahrgäste auf dieser Strecke, zumeist Urlauber. Damit ist er der älteste Passagierzug Kanadas. Zum 100. Geburtstag des Zuges im Jahre 2004 gönnte er sich ein modernes Outfit und setzt Wagen ein, die man der britischen Eisenbahngesellschaft Alstom abgekauft hatte. Diese wurden ursprünglich für den Verkehr im Kanaltunnel gebaut, kamen dort aber nie zum Einsatz. Nun fahren sie unter dem Namen »Renaissance-Wagen«: türkisfarbene für die zweite Klasse, Edelstahlschlafwagen, aufgepeppt mit blauen Rallyestreifen, für die erste Klasse, die »Easterly-Class«. Beide Klassen sind durch einen Speise- und einen Servicewagen voneinander getrennt. Insgesamt sind es zwanzig Waggons, die von zwei quietschbunten Loks, mit Spidermans Konterfei verziert, gezogen werden. Schlusslicht des Stahlkolosses ist der Dome Car, jener eineinhalbstöckige, aus den fünfziger Jahren stammende Aussichtswagen, dessen Glaskuppel einen Rundumblick über die Landschaft ermöglicht.

Beim Einsteigen in den noch relativ neuen Schlafwagen stelle ich fest, dass der klinisch weiße Gang nur rein optisch Weite erzeugt, tatsächlich aber relativ eng ist. Ron, unser netter Schlafwagenbetreuer, führt mich zu meinem Abteil und erklärt alles, was man für die nächsten 22 Stunden rund um den Zug wissen sollte. Er händigt mir ein Kärtchen aus, das Einlass gewährt in mein Übergangsdomizil. Ich besichtige eine graue Couch, die nachts zum Bett umfunktioniert wird, rechts einen handbreiten Kleiderschrank sowie diverse Spiegelschränkchen zum Bewahren von Kleinstgegenständen. Schnell noch ein Blick in das einen Quadratmeter große Bad. Mein »De-luxe«-Abteil verfügt über Waschbecken, eigene Toilette

VIA

P
1230

NATIONAL RAILWAY
BILLETTERIE
Cet établissement est sous surveillance vidéo
This property is under camera surveillance
VISA
DISCOVER
SEARS
Interac
DIRECT PAYMENT
JCB
Français English
ACHAT DE BILLET DE TRAIN
TO PURCHASE TRAIN TICKETS
NOTICE FOR YOUR SECURITY
For security reasons, VIA Rail reserves the right to inspect all baggage
AVIS POUR VOTRE SÉCURITÉ
Pour des raisons de sécurité, VIA Rail se réserve le droit d'inspecter tous les bagages
La façon humaine de voyager, offerte en paquets de 10.

und Dusche, die man aber leicht mit einer Mundddusche verwechseln könnte! Bei Betätigung setzt sie die gesamte Nasszelle unter Wasser.

Bis zum Abendessen bleibt mir noch reichlich Zeit, denn die zweite Schicht findet erst um 20.30 Uhr statt. Ich beschließe also, noch in den Aussichtswagen zu gehen. Über ein schmales Treppchen klettere ich in den oberen Teil, wo sich einige bildungshungrige Mitreisende schon eingefunden haben. Die Skyline der Dreimillionenmetropole Montreal zoomt sich gerade langsam ins Nichts. Zur Begrüßung an Bord bietet uns François, unser »Lernkoordinator«, Sekt an und erzählt uns, welche Unterrichtslektionen uns erwarten. Neben Vorträgen über Land, Leute, Kultur, Geschichte, Gott und die Welt stellt er uns sogar eine Weinprobe in Aussicht.

Zeit fürs Dinner! William weist mir einen schönen Fensterplatz in Fahrtrichtung zu. Kurz danach gesellt sich Lynn dazu, eine rüstige Rentnerin aus Vancouver, die nun ihre Zeit nutzt, um ihr Heimatland kennenzulernen. Die Speisekarte schlägt uns zwischen Tomatensuppe und Dessert drei Gerichte vor. Im Ozean auf Rädern entscheide ich mich für den »Arctic Char«, einen Meeressaibling, dem Lachs sehr ähnlich, jedoch feiner im Geschmack. Dazu gibt es Zucchinistreifen und Kartöffelchen von Prince Edward Island.

Ron, unser netter Schlafwagenbetreuer, hat in der Zwischenzeit die Couch im Abteil in ein doppelstöckiges Bett umgewandelt. Mit achtzig Zentimtern Breite ist die Liegefläche nicht gerade üppig. Doch die »Wellen des Ozean« sorgen für wunderbaren Schlaf, und so werde ich am nächsten Morgen erst von der Sonne geweckt. Durchs Fenster blicke ich auf eine liebliche Flusslandschaft: Laut Fahrplan befinden wir uns in der Nähe von Campbellton an der Grenze zu New Brunswick. Die Provinz New Brunswick ist wie Quebec multikulturell und zweisprachig. Eine ganze Weile folgen die Schienen der Küstenlinie der »Baie des Chaleurs«, der Bucht

Linke Seite:
↖ Nostalgischer Fahrkartenverkaufsschalter im Bahnhof von Quebec.

← Die Deckenkuppel mit Weltkugel im Bahnhof von Quebec City wurde von dem amerikanischen Architekten Bruce Price entworfen.

Rechte Seite:
↖ Durch die Vororte nähert sich der Ocean dem Zielbahnhof Halifax am Atlantik.

↑ Ron, der stets freundliche und hilfsbereite Zugbegleiter.

← Der Gare du Palais. Die Ähnlichkeit mit Quebecs Wahrzeichen, dem Hotel Château Frontenac, ist nicht zu übersehen.

6408
HIGH VOLTAGE
DANGER
HAUTE TENSION

Linke Seite:
↖ In der Hochsaison kann es voll werden. Tisch decken für die zweite Schicht.

← Conrad Baxter übernimmt die Kommunikation. Es fahren grundsätzlich zwei Lokführer.

Rechte Seite:
↑ Der Dome Car am Ende des Zuges dient als »Klassenzimmer der rollenden Volkshochschule«. Melanie und Francois erklären den Hummerfang mit Reusen.

⇤ Eine Weinprobe gehört zum Programm der »Maritime Learning Experience«, dem Informationsservice auf dem Ocean.

← Von Jenna lächelnd serviert: zartes Hühnchen mit knackigem Gemüse.

der Wärme, so genannt von ihrem Bewunderer Jacques Cartier, dem französischen Seefahrer und Entdecker.

Nach dem Duschen torkele ich durch die acht Waggons zum Speisewagen. Durch das Temperament des Ocean werde ich mal links, mal rechts gegen die Wand gedrückt. Jetzt weiß ich die schmalen Gänge zu schätzen: Hinfallen ist unmöglich! Das Frühstück erweist sich als landestypisch reichhaltig, Eier nach Wunsch, auch als süßer Pfannkuchen mit Ahornsirup kredenzt, dazu nicht zu knapp gebutterten Toast. So kann ich nun meinem Marathonsitzen nachgehen, ohne vom Fleische zu fallen.

↑ *Conrad klettert in »seine« 3000 PS starke Lokomotive.*

→ *Der Ocean frühmorgens auf der Gaspesie-Halbinsel.*

Der Aussichtswagen ist schon gut besetzt und François in seinem Element. Wir erfahren allerlei Wissenswertes über Akadien und die Geschichte dieser Region, die geprägt ist von ständigen Kämpfen französischer und englischer Eroberer um die Vorherrschaft. Kein Wunder, denn die Region hat viel zu bieten: Riesige dichte Wälder, hügelige Wiesen, fruchtbares Ackerland, das Meer als Fischlieferant – all dies hat den beiden Küstenprovinzen zu Wohlstand verholfen. Als Nächstes sollen wir in die Geheimnisse des Lobster-Fangs eingeweiht werden. Zum Glück ist die Teilnahme freiwillig. Ich schließe mich John an, dem Hobby-Ornithologen. Er hofft, einen Blick auf die schwarzfüßige Dreizehenmöwe und den Halsbandregenpfeifer zu erhaschen.

Über den Isthmus von Chignecto erreichen wir schließlich Nova Scotia, nach Prince Edward Island die zweitkleinste Provinz Kanadas. Auch wenn der Name auf schottische Auswanderer hinweist, kulturell haben hier ebenso die First Nations, die Micmac, sowie die Franzosen ihre Spuren hinterlassen. »Namen wie Mary Silvermoon Lefèbre oder John Eagle-Eye Savoie sind hier durchaus üblich«, erzählt François.

Nach dem Lunch, gestärkt durch einen riesigen Caesar's Salad, garniert mit Shrimps und Parmesan, beschließe ich, an der Weinprobe teilzunehmen. Ich klettere wieder in den Panoramawagen und blicke auf 24 Mitreisende, die schneller waren als ich und nun als geschlossene Gesellschaft der Chardonnays, Cabernets und Merlots aus lokalen Weingütern harren. Aber der gute François scheut keine Mühen, um mich in die Weinverkostung einzubeziehen. Zum Schluss wird das Edelste entkorkt, was Kanadas Weingüter hergeben: der Eiswein, aus Trauben gemacht, die schon den ersten Nachtfrost erlebt haben müssen, um dann im vergorenen Zustand ihre feine Süße zu entfalten. Jedem wird das Fläschchen mal unter die Nase gehalten, damit er daran riechen kann. Probieren dürfen wir ihn aber nicht! Dazu sei er denn doch zu kostbar!

BILD: CHRISTIAN HEEB TEXT: HERDIS LÜKE

WO DIE KURVEN ABERWITZIG SIND

MIT DEM CHEPE VON LOS MOCHIS NACH CHIHUAHUA

↑ Auch der »Chepe« hat eine Bar, und der Barmann versteht sein Handwerk.

→ Am Bahnhof von Bauchivo begegnen sich der Chepe aus Los Mochis und sein Gegenzug aus Chihuahua.

↗ Unser Schaffner Guadelupe (»Ich liebe die Mädels«) besitzt den sprichwörtlichen Charme der mexikanische Männer (links).

Einmal eine Lokomotive fahren: So sieht der Pilot des Chepe die eingleisige Strecke vor sich (Mitte).

Mexikanische Flower-Power: eine hübsche Kellnerin in der Posada del Hidalgo in El Fuerte (rechts).

Guadalupe ist ein echter Kavalier. Mit seinen strahlenden Augen und seinem fröhlichen Lachen ist der Fünfzigjährige ein Paradebeispiel für den sprichwörtlichen Charme der mexikanischen Männer. Galant hilft er einer flotten Französin mitsamt Rucksack in den Zug und lässt sich auch in aller Herrgottsfrühe von verwirrten Touristen, die die Ansagen nicht verstehen, nicht aus der Ruhe bringen. Wir stehen am Bahnhof von Los Mochis, einem sympathischen Städtchen an der Pazifikküste im Bundesstaat Sinaloa. Von hier startet jeden Morgen pünktlich um sechs Uhr der legendäre »Chepe« (ausgesprochen: tschäpe), so genannt nach den Initialen der Eisenbahn »Ferrocarril Chihuahua Pacifico«, nach Chihuahua, der Hauptstadt des gleichnamigen Bundesstaats in Nordmexiko. Um die gleiche Zeit fährt in Chihuahua der Gegenzug nach Los Mochis los. »Copper Canyon Railway« wird er vorzugsweise für Touristen genannt.

Gut 15 Stunden braucht der von einer 2000 PS starken Diesellok vom Typ GP-38-2 gezogene Zug für die 653 Kilometer nach Chihuahua. Die Strecke führt ins Herz der Sierra Tarahumara, deren Schluchten größer sind als die Colorado Canyons. Dabei überwindet der Chepe eine Höhe von 2500 Metern, überquert 39 Brücken und durchquert 89 Tunnel. In den Bergen liegen weit verstreut die Weiler der Rarámuri-Indianer, auch »Tarahumaras« genannt. Die Strecke gilt als eines der größten technischen Wunder des 20. Jahrhunderts.

Morgens um sechs Uhr sind die Kupferschluchten noch weit und die Touristen noch verschlafen. Nur langsam gewinnt die 118 Tonnen schwere Zugmaschine an Fahrt und schaukelt die vier Waggons gemütlich durch die Tiefebene Richtung aufgehende Sonne, vorbei an abgeernteten Zuckerrohrfeldern und, nach Monaten der Trockenheit, ausgedörrten Weiden, die mit ihrem Gestrüpp und mächtigen Kardonkakteen bizarre Kontraste bilden. Rita, meine Reisebegleiterin aus Chihuahua, schleppt mich gleich in den Speisewagen, kaum hat sich die rote Diesellok in Bewegung gesetzt. Die vierzigjährige Touristikerin kennt jeden einzelnen Schaffner, Kellner und Koch, Kassierer und Polizisten der Eisenbahn und wird enthusiastisch begrüßt wie eine alte Freundin.

An einem großen Tisch sitzen sie und lassen es sich bei einem üppigen Frühstück gut gehen. Etwa umgerechnet sieben Euro kostet ein komplettes Frühstück mit Orangensaft, Kaffee und Eiern mit Speck oder Schinken, oder mexikanisch mit Tomaten, Chili, Zwiebeln und Maistortillas. Der Zug ist halb leer und die amerikanische Reisegruppe mit Lunchpaketen ihres Hotels gut versorgt. Zeit genug zum Plaudern mit Guadalupes Kollegen Julio César. Die beiden sind die Dienstältesten an

Chepe

FXE 141013
Tara 51,800 kg.
Long. 25,070 mt
B
3021
3021
426519

Chepe
141002
CHIHUAHUA PACIFICO
Chepe
CHIHUAHUA PACIFICO

Bord. Auch nach dreißig Jahren, erzählt Guadalupe, möchte er seinen Job mit keinem anderen tauschen. »Natürlich ist da die Routine«, sagt er lachend, »trotzdem ist jede Fahrt anders. Immer sind es andere Menschen, und ich liebe die Mädels!«

Nach drei Stunden erreicht der Zug El Fuerte. Gegründet 1564, wurde die Stadt zu einer wichtigen Durchgangsstation der spanischen Kolonialherren nach Arizona und Kalifornien und entwickelte sich zu einem wichtigen Handelszentrum an der »Königlichen Silberstraße«. Prachtvolle Kolonialhäuser zeugen vom Reichtum der Silberbarone. In einer schmucken Hazienda wurde hier 1795 Don Alejandro de la Vega geboren, der als »Zorro« zur Legende geworden ist. Heute ist die Hazienda ein schmuckes Hotel, in dem zur »Happy Hour« ein als Zorro verkleideter Reiseleiter mit Charme und Gesang vor allem amerikanische Touristinnen entzückt.

Ab El Fuerte wird die Fahrt zu einem aufregenden Abenteuer. »Achte auf die Kilometersteine«, rät mir Guadalupe. Mit dem Chepe-Reiseführer mache ich mich auf den Weg auf die Plattform am Ende des Zugs. Jeder Übergang von einem

Linke Seite:
← Der Chepe auf dem Weg in die Berge.

Rechte Seite:
↖ Ein Bahnsteig ist nicht überall garantiert; in Divisadero müssen die Passagiere in den Bummelzug klettern.

← Der Weg führt über viele Gleise: Indianer vom Stamm der Tarahumara besteigen den Zug.

↑ *Herr über viele Hebel: der Ingenieur auf seinem Arbeitsplatz.*

↗ *Im Speisewagen des Chepe wird Kaffee in modernem Dekor serviert.*

→ *Der Chefkoch hat sich eine kleine Siesta verdient.*

zum anderen ist eine gewagte Gleichgewichtsübung; die Plattformen dazwischen füllen sich schnell mit Touristen, Kamera im Anschlag. Der heiße Fahrtwind pustet mir die Haare durcheinander und feinen Staub ins Gesicht, ich rase vom linken zum rechten Fenster, dann wieder zum Schlussfenster und komme aus dem Staunen nicht mehr heraus. »Ich verstehe nicht, wie manche Leute diese Fahrt verschlafen können!«, meint Lorie aus Florida beim Anblick ihrer mitreisenden Senioren.

Bei Kilometer 838,8 erreichen wir die Brücke El Fuerte, mit 498,8 Metern die längste der Strecke, die einen fantastischen Blick auf das Massiv El Embarcadero bietet. Bei Kilometer 754,6 wird es plötzlich stockduster. 1815,8 Meter ist der Tunnel Nr. 86 lang (es ist der erste von Los Mochis aus und der letzte aus Richtung Chihuahua), der längste auf dieser aufregenden Fahrt. »Wart's ab, bis wir nach Temoris kommen«, sagt mir Julio César, während er mir, ohne einen Tropfen zu verschütten, ein eiskaltes Bier einschenkt – eine willkommene Pause.

Enge Steilwände wechseln sich nun ab mit malerischen Tälern, in denen Bananen, Orangen und Papayas wachsen. Der Zug gleitet schwankend über schmale Brücken in

schwindelnder Höhe – und bietet einen atemberaubenden Blick in die Tiefe auf plätschernde Bäche und kleine Höfe und hier und da auch auf herabgestürzte Güterwaggons. An der Station Temoris (km 707,5) hat der Zug bereits eine Höhe von 1025 Metern erreicht. Über enge Haarnadelkurven, über Brücken und durch Tunnel zieht die Lok den Zug über drei Ebenen entlang der Santa-Barbara-Schlucht in die Höhe. Kurz nach Temoris erreichen wir den Tunnel Nr. 49, »La Pera« (die Birne) genannt. 936,9 Meter lang, macht er im Berg eine Wendung um 180 Grad.

Entlang der Sierra Madre Occidental bieten sich bizarre Blicke …

Die Eisenbahn haben wir dem Amerikaner Albert Kinsey Owen zu verdanken, der 1861 von Topolobampo bei Los Mochis eine Bahn bis nach Kansas City bauen wollte. Owen bekam nur zwei Jahre später das Okay von der mexikanischen Regierung. Aber dann ging ihm das Geld aus, und der Vertrag ging über an Foster Higgins von der Rio Grande, Sierra Madre- und Pacific Railway Company.

Higgins schaffte es, die Strecke von Ciudad Juárez an der Grenze nach Texas bis nach Casas Grandes im Norden von Chiahuahua fertigzustellen – dann ging auch ihm die Puste aus. Fast vierzig Jahre vergingen, bis Enrique Creel von der Kansas City, Mexico and Orient Railway sich des Projekts wieder annahm und zwischen 1910 und 1914 die Strecke von Casas Grandes bis La Junta fortsetzte. In dieser Zeit begann Creel auch mit der Strecke von Ojinaga über Chihuahua nach der nach ihm benannten Station Creel im Herzen der Sierra Tarahumara. Doch die mexikanische Revolution (1910–1917) beendete vorerst die ehrgeizigen Pläne. 1928 schließlich wurde der Abschnitt Topolobambo–El Fuerte fertig. Erst 1940 begann die mexikanische Regierung mit dem letzten Abschnitt von El Fuerte nach Creel. 1961 war dieses technische Bravourstück endlich vollbracht.

Nach 231,9 Kilometern, an der Station Bahuichivo, unterbrechen wir unsere Fahrt und lassen uns in die 17 Kilometer südlich liegende, dreihundert Jahre alte Mission Cerocahui bringen. Im gemütlichen Hotel Posada Mission mit seinem herrlichen Garten und eigenem Weinanbau schöpfen wir Kraft für die Abenteuer, die uns noch erwarten. Das Dorf mit der

alten Missionskirche und dem Internat für Tarahumara-Mädchen ist der beste Ausgangsort für Exkursionen in die Urique-Schlucht. Der gleichnamige Ort am Urique-Fluss 560 Meter ü.d.M. ist ein tropisches Paradies.

Am nächsten Tag sind wir um 13 Uhr wieder am Bahnhof von Bahuichivo. Ob der Zug pünktlich ist? Das weiß man hier nie. Heute ist er fast nach Fahrplan. Der Geruch aus dem Restaurantwagen lässt leicht auf das Menü schließen: gebratene Steaks und Hamburger mit Pommes. 189 Pesos, umgerechnet etwas über zehn Euro, kostet das Mittags- oder Abendmenü. Außerdem gibt es Sandwichs oder mit Fleisch oder Käse gefüllte, gebackene Maistortillas, vorweg eine Suppe.

In Divisadero hält der Zug 15 Minuten – Zeit genug, sich dem grandiosen Panorama hinzugeben, an den Imbissständen mexikanische Köstlichkeiten zu probieren oder sich bei den Tarahumaras mit Kunsthandwerk einzudecken. Nun führt unsere Fahrt nicht mehr an zerklüfteten kargen Bergrücken entlang, sondern durch dichte Kiefernwälder. Am späten Nachmittag erreichen wir Creel, heute eine weitgehend moderne Stadt mit Hotels aller Preisklassen. Erst seit ein paar Jahren ist Creel über ein modernes Fernstraßennetz mit Chihuahua und Parral verbunden. Vierrädrige Motorbikes statt Pferde stehen am Straßenrand, Jeeps und Vans, mit denen die Touristen in die Dörfer und zu den Aussichtspunkten fahren, zum Beispiel zum Wasserfall bei Cusarare, zum Arareco-See oder in das legendäre Bergbaustädtchen Batopilas.

Nach Creel wird die Landschaft lieblicher. An ausgedehnten Weiden und Kornfeldern vorbei geht es über Cuautémoc, das Zentrum der Mennoniten in Mexiko, nun nach Chihuahua. Hier verabschieden wir uns von Guadalupe, Julio César und dem charmanten Luis Miguel. »Du musst unbedingt im September wiederkommen, dann sind alle Berge von Grün bedeckt«, sagen sie.

Linke Seite:
↖ Vom Chepe aus hat man den spektakulärsten Blick in den Urique Canyon mit dem Urique River.

← Noch ein Viadukt: der Chepe auf dem Weg zu seinem Ziel.

Rechte Seite:
↖ Ausgelassene Passagiere haben sich die Logenplätze auf der Lokomotive erobert.

↑ Vor der Abfahrt in Chihuahua: Der Ingenieur bereitet die Fahrt vor.

← Passagiere verlassen den Zug in Mirador.

WO MAN EINMAL GEWESEN SEIN MUSS

MIT ANDEAN EXPLORER UND HIRAM BINGHAM ZUM MACHU PICCHU

↑ *Wer Peru für ein musikalisches Land hält, liegt nicht falsch: Zum Unabhängigkeitstag marschieren auch die Kleinsten mit.*

→ *Der »Andean Explorer« schlängelt sich dem Gebirge entgegen, dem er seinen Namen verdankt, hier auf dem Weg zum Raya Pass.*

↗ *Das Gesicht Perus und seiner allgegenwärtigen Musik: Ein Indio spielt auf dem Bahnsteig am La Raya Pass die Panflöte (links).*

Die Lok des »Hiram Bingham« lugt bei Pachar am Rio Urubamba um eine Kurve (Mitte).

Der Tresen im Barwagen wartet noch auf die durstigen Passagiere (rechts).

Wir starten unter einem aufgeregten Pfeif- und Tutkonzert, der Zug nach Cusco ruckelt aus dem unansehnlichen Bahnhof von Puno, einer Stadt, die man gern vergisst. Rechts glitzert grün beschilft der Titicacasee, der an diesem Ufer eher aussieht wie ein unaufgeräumtes Überschwemmungsgebiet, nicht aber wie das angeblich höchste schiffbare Gewässer der Welt (3820 Meter), dreimal so groß wie der Bodensee, mit seinen weltberühmten schwimmenden Inseln und gut erhaltenen folkloristischen Traditionen..

Wer die nur selten malerische Schäbigkeit südamerikanischer Züge kennt (oder auch nur deren Beschreibungen von Paul Theroux), erlebt im »Andean Explorer« eine Überraschung. Die Wagen unseres Zuges sind, seit die englisch-amerikanische Orient-Express-Gesellschaft sich mit 50 Prozent bei PeruRail beteiligt hat, in alter Eleganz restauriert worden: Wir sitzen in plüschigen Ohrensesseln an Tischen wie im Speisewagen, das Dekor zitiert die alte Pullmanwagen-Herrlichkeit der zwanziger Jahre, überall beschwören historische Schwarz-Weiß-Fotos die Zeiten der verflossenen Dampflok-Romantik; in den Gepäckablagen fehlen nur die Louis-Vuitton-Koffer, stattdessen stapeln sich dort jede Menge Rucksäcke und Reisetaschen.

Schon nach wenigen Kilometern nahen, in einer Art Smoking und mit weißen Handschuhen, die Stewards und Stewardessen und verteilen die Speisekarten für das Mittagessen: »Bitte auswählen!« Es werden jeweils drei Vor-, Haupt- und Nachspeisen angeboten. Doch dann stehen wir erst mal eine halbe Stunde: »Wir warten auf den Gegenzug aus Arequipa«, erklärt uns eine hübsche Maria, und – muss wohl was Besonderes sein – »dann fahren wir über den Markt von Juliaca.«

Als ich auf dem Observation Car ankomme, drängelt sich dort bereits die kamerabewehrte Fraktion der Passagiere, also die absolute Mehrheit. Aufgeregt blökend und im Schritttempo bahnt sich der Zug seinen Weg: Der bunte Markt für alles und jedes, von Silberschmuck bis zu Autowracks, findet offenbar direkt auf den Gleisen statt; Auslagen wie alte Bücher und zerlesene Magazine, aber auch Teppiche und die Strickwaren aus Alpaka sind direkt auf den Schwellen dekoriert, und werden auch nicht entfernt. Die Händler räumen nur rasch Verkaufstheken und Sonnenschirme aus dem Weg und bauen sie bereits zwanzig Meter hinter uns wieder auf. Die Barbierstände sind so nahe am Gleis, dass wir Angst haben, die Wagen könnten den Kunden die Bärte abrasieren. Die Handycams summen, die Kameras klicken, es wird gestaunt und gewunken: So exotisch hatten wir es uns in unseren schönsten Träumen nicht erhofft.

1508
1918

ABARROTES
Coca-Cola
Coca-Cola
Castrol

Linke Seite:
↖ Stopp des Andean Explorer am La Raya Pass, dem höchsten Punkt der Route in 4321 Metern Höhe.

← Auf dem Weg durch ein Dorf zwischen Cusco und La Raya, soeben werden die Gleise geräumt.

Rechte Seite:
↖ Der Andean Explorer bahnt sich einen Weg über den Markt von Juliaca.

↑ Eine freundliche Zugbegleiterin begrüßt Fahrgäste des Hiram Bingham in Poroy.

← Um die Fahrgäste bei Laune zu halten, führen die Zugbegleiterinnen auch schon mal peruanische Mode vor.

Dann führt der Weg in die Anden, und uns gehen die Augen über: Rechts und links erheben sich schneeüberkronte Fünftausender, Wölkchen spielen um ihre Gipfel; Flüsse, Schluchten und blühende Fluren ziehen vorbei; gut gekämmte Lamas gucken interesselos, und auf dem höchsten Punkt des Trips, La Raya (4321 Meter), hält der Zug zehn Minuten an, um uns die Höhenluft schnuppern zu lassen und eventuell auf einem improvisierten kleinen Markt den höchsten Pullover unseres Lebens zu erwerben.

»Es ist eine Art Orient-Express für Arme«, witzelt mein amerikanischer Mitreisender, der schon viele Züge kennt, später an der Bar. Doch er liegt falsch: Es ist ein Orient-Express für zehneinhalb Stunden, nicht für mehrere Tage; und Express kann man ihn bei einem Durchschnitt von unter 40 Kilometern pro Stunde auch nicht nennen.

Mein Ziel am nächsten Morgen ist Machu Picchu, die legendäre Inka-Bergfestung. Doch nicht nur die Felsenstadt selbst, auch der Weg dorthin verspricht unvergessliche Erlebnisse. Wie Sterne glitzern die Lichter auf den Berghängen rund um Cusco. Die Fahrt von der fast 3400 Meter hoch gelegenen, einstigen Hauptstadt des Inka-Reiches nach Machu Picchu gilt zu Recht als eine der schönsten Eisenbahnstrecken der Welt.

Seit Ende 2003 fährt hier der von PeruRail, also von Orient-Express betriebene Deluxe-Zug Hiram Bingham, benannt nach dem amerikanischen Forscher, der 1911 die Ruinenstadt entdeckte. Es regnet in Strömen. Pfützen und Schlaglöcher ignorierend, sorgt der Taxifahrer auf der kurvigen Strecke vom Hotel zur Bahnstation für den ersten Adrenalinkick des Tages, immer am Limit seines in die Jahre gekommenen Toyota. Nach eine Viertelstunde erreichen wir den kleinen Bahnhof in Poroy, wo der rote Teppich bereits ausgerollt ist. Ein Steward begrüßt uns lächelnd mit einem Glas Champagner und Orangensaft.

Ein Lieblingsplatz aller Passagiere: die Aussichtsplattform am Ende des Hiram Bingham.

Wegen der morgendlichen Kühle ist er in einen dunklen Poncho gehüllt, der stark an einen Vampirumhang erinnert. Dazu erklingen die unvermeidlichen Panflöten und Gitarren. Auf Hochglanz poliert steht der Luxuszug mit seiner bulligen Diesellokomotive (Alco 400) auf Gleis 1. In goldenen Buchstaben leuchtet der Name »Hiram Bingham«. Wir treten ein in eine Welt aus poliertem Holz, glänzendem Messing und geschmackvoller Dekoration im luxuriösen Stil der zwanziger Jahre. Kaum sitzen wir auf den eleganten, mit hellen Blüten bedruckten Polstern an weiß gedeckten Tischen, setzt sich pünktlich um 9 Uhr der Zug langsam in Bewegung und verlässt den Bahnhof. Der einzige Zug in Peru, der pünktlich startet, sagt man. Knapp dreieinhalb Stunden soll die 110 Kilometer lange Fahrt dauern. Der Hiram Bingham besteht aus nur vier jeweils 20 Meter langen Waggons. Zwei Restaurantwagen, ein Küchen- und ein Barwagen mit Aussichtsplattform bieten maximal 84 Passagieren Platz.

Ratternd windet er sich im Zickzackkurs aus dem steilen Talkessel heraus, bahnt sich seinen Weg mitten durch ärmliche Außenbezirke, in denen sich das Leben direkt an den Schienen abspielt. Kinder winken, laufen hinterher. Unablässig pfeift der Zug, damit sich Menschen und Hunde rechtzeitig in Sicherheit bringen können. Dann wieder ächzen die Bremsen, weil es so stark bergab geht. Dramatische Wolkenformationen umhüllen die Bergspitzen. Schließlich rollt der Zug mit den unverwechselbar blaugoldenen Wagen über die engen, 1923 von der peruanischen Regierung und britischen Ingenieuren gebauten Schmalspurgleise.

Sogar Sauerstoff-Vorrichtungen gibt es an Bord für Passagiere, bei denen das Zugabenteuer mit Passhöhen von bis zu 4500 Metern Höhe im wahrsten Sinne des Wortes »atemberaubend« wirkt. Erika Maria Hurtado von PeruRail erzählt: »Auf der Strecke von Cusco nach Machu Picchu hält die Regierung an der eingleisigen Schmalspurstrecke fest, um die Anzahl der Besucher nicht zu groß werden zu lassen.«

Eine Höchstgeschwindigkeit von 40 Kilometer pro Stunde wäre möglich, wird aber selten erreicht. Allein schon damit der Kaffee, den der nette Kellner Pedro mir

↖ *Im Speisewagen des Hiram Bingham: Gefüllte Cannelloni auf weißem Porzellan und Sauerstoff aus der Flasche.*

↑ *Für die Barmusik ist ein einzelner Gitarrist zuständig, begleitet vom Bergpanorama bei Ollantaytambo im Tal des Rio Bamba.*

← *Der einsame schmale Schienenstrang, den der Zug im Bergregenwald in der Nähe von Aguas Calientes hinter sich lässt.*

aus einem silbernen Kännchen einschenkt, in der Tasse bleibt. Später, als die livrierte Brigade zarte Alpakalende mit Holunderbeerkompott sowie mit Andenkäse gefüllte Cannelloni stilvoll auf weißem Porzellan serviert, fühle ich mich zurückversetzt in längst vergangene Zeiten. Zeiten, in denen die Reise selbst so genossen wurde, wie die Ankunft am eigentlichen Ziel. Globetrotter aus aller Welt geben sich hier dem gut abgefederten Abenteuer erster Klasse hin: Höhensüchtige, Historiker, Honeymooner, Hochschullehrer und nun auch noch ein HNO-Arzt aus Hamburg, der schwärmt: »Einmal im Leben muss man Machu Picchu gesehen haben.«

Es hat aufgehört zu regnen. Durch die Zugfenster schimmern gelbe Blütenteppiche, die sich mit Kartoffelfeldern abwechseln. »Über 2000 verschiedene Kartoffelsorten wachsen in Peru, und allein 100 verschiedene werden auf dem Markt von Cusco verkauft«, berichtet uns Carlos, unser Guide. Kein Wunder, dass 2008 das offizielle »Jahr der Kartoffel« war.

Dramatisch verengt sich die Strecke und führt durch tief eingeschnittene Schluchten, wo der Blick wie der Kondor hinauf zu den majestätisch aufragenden, schneegekrönten Bergriesen geht. Wir kommen hinunter ins Heilige Tal der Inkas, wo der Rio Urubamba fließt. Braun und wild strömt er neben den Gleisen zu Tal. Das frisch verheiratete Paar am Nebentisch scheint allerdings mehr Augen für sich selber zu haben als für die grandiose Natur. »Kilometro ochenta y ocho«, ruft bei Kilometerstein 88 der Schaffner. Hier steigen all diejenigen aus, die den legendären Inkatrail nach Machu Picchu zu Fuß zurücklegen wollen. 44 Kilometer in vier Tagen.

Wir heben uns das fürs nächste Mal auf und entscheiden uns für die entspannte Variante. Wir bleiben im Zug und wenden uns dem Dessert zu: Schokoladentörtchen mit Ananas und einem Sorbet aus weißer Schokolade mit Ingwer. Anschließend tauschen wir mit einer Dame aus den Niederlanden, deren Sohn mit Soroche zu kämpfen hat, Tipps gegen die Höhenkrankheit aus. Wir sind bisher verschont

↑ *Aus der Vogelperspektive oder eben der des Zugreisenden: Blick auf den Machu Picchu.*

↗ *600 Meter tief ist das Tal des Río Urubamba, durch das sich der Hiram Bingham windet und dabei auch einige Tunnel durchquert.*

→ *Viel Landschaft, ganz wenig Zug: So rollt der Hiram Bingham durch das Tal des Rio Urubamba.*

geblieben, was wir auf die Befolgung der Ratschläge des Erzbischofs in Lima zurückführen: »Hinlegen und ausruhen nach der Ankunft in Cusco und täglich ein Tässchen Coca-Tee«, hat er uns zusammen mit dem Segen auf den Weg gegeben. Später stehe ich auf der offenen Aussichtsplattform am Ende des Zuges, um die würzige Luft einzuatmen und zu spüren, wie die faszinierende Landschaft an mir vorbeigleitet.

Es wird wärmer. Die Fahrt führt von den Bergen in den Dschungel, immer weiter hinab ins tropisch-üppige Grün des Bergregenwaldes mit seiner bunten Blütenvielfalt, und endet in Aguas Calientes, dem Ort mit den heißen Quellen, der inzwischen leider gänzlich aus Verkaufsständen besteht. Einer geschäftstüchtigen, rundlichen Indigena gelingt es, auch uns noch schnell einen handgewebten Wasserflaschenhalter zu verkaufen, bevor wir in den Kleinbus steigen, der uns in 13 Haarnadelkurven hinauf zum Inkaheiligtum bringt.

Und da ist er dann, der berühmte Blick auf die Ruinen, dahinter Wayna Picchu, der Berg, der wie ein Zuckerhut aussieht. Allerdings sind mindestens noch drei Dutzend andere Besucher mit im Bild. Doch sie müssen Machu Picchu bereits am frühen Nachmittag wieder verlassen. Lange hatte nur der Hiram Bingham das Privileg, erst bei Sonnenuntergang seine Rückfahrt anzutreten. Heute sind auch mit anderen Zügen spätere Rückfahrten möglich, vor allem, wenn in Ollantaytambo (ca. 67 km ab Cusco) übernachtet wird.

Punkt 18 Uhr sind alle wieder an Bord, bis auf die, die sich gar nicht trennen konnten, eine Nacht in der Machu Picchu Sanctuary Lodge verbringen und erst am nächsten Tag den Rückweg antreten. Die alten Messinglampen verbreiten einen warmen Schimmer. Im Bar- und Aussichtswagen ist jeder Platz auf den altrosafarbenen Sofas und Sesseln besetzt. David, der Barkeeper, hat alle Hände voll zu tun. It's Cocktail-time: Pisco Sour (klarer Traubenschnaps, Limonensaft, Zucker, geschlagenes Eiweiß und eine Prise Zimt obenauf) wird serviert – das peruanische Nationalgetränk.

Beim anschließenden Dinner im Restaurantwagen mit Kürbiscremesuppe an Sternanis und Lachsforelle in Rosa Champagner-Pfeffersauce mit Spargel kommen wir mit dem auf der anderen Seite des Ganges sitzenden Ehepaar aus Guatemala, Besitzer einer Kaffeeplantage, ins Gespräch. Leise klingen die Kristallgläser, als wir mit einem Tacama Selección Especial, einem kräftigen, peruanischen Rotwein aus dem Valle de Ica anstoßen und versichern, sie bei unserem nächsten Besuch in Südamerika auf jeden Fall zu besuchen. Und den Rest der Fahrt beschäftigen sich alle mit der Frage, warum haben die Inkas damals Machu Picchu, diesen einzigartigen, geheimnisvollen Ort, nach so kurzer Zeit wieder verlassen? Eine Frage, auf die es bis heute keine Antwort gibt, aber – nach etlichen Gläsern Pisco Sour – viele Theorien.

BILD: HUBERT STADLER   TEXT: HORST-DIETER EBERT

WO MAN AUF DEM WAGENDACH SITZT

ZÜGE IN ARGENTINIEN UND ECUADOR

↑ *Wilde Vicunas am Chimborazo Vulkan liefern die feinste Wolle der Welt.*

→ *Eine Reise mit dem Patagonien-Express durch die Pampa – so wird eine Legende wahr.*

↗ *Museumswürdig, doch immer noch in Betrieb: Die altgediente Maschine stammt aus dem Jahre 1929 (links).*

Dieser Zug wird nicht nur von Touristen, sondern auch gern von den Einheimischen benutzt (Mitte).

Alle 30 bis 50 Kilometer stoppt der Zug, dann füllt der Maschinist Wasser nach (rechts).

Züge lieben Superlative, sie geben an, sie brüsten sich, jeder möchte etwas ganz Besonderes darstellen. Der Luxuriöseste zu sein, beanspruchen etliche. Auch um den Titel der abenteuerlichsten Route oder der höchstgelegenen Stationen wird konkurriert. Es gibt die längste Zugreise (Transsibirien) und den langsamsten Express (Glacier), doch kein Zug trug etliche Jahrzehnte seinen Superlativ so zu Recht wie der Patagonien-Express: Er war lange Zeit der südlichste Zug der Welt. Seit 1994 hat dieses Privileg allerdings die Touristenbahn in Ushuaia/Argentinien. Bis 1952 hatte es hier eine Bahn in einem Gefangenenlager gegeben.

Sein Ruhm gründet zu nicht geringem Teil auf einem Buchtitel. Beinahe so wie Agatha Christies »Mord im Orientexpress« (auch als Film oder, neuerdings, PC-Spiel) zum Ruhm des Eisenbahnklassikers beitrug, verhalf »Der alte Patagonien-Express« des amerikanischen Reiseschriftstellers Paul Theroux Ende der siebziger Jahre dem kleinen Andenzug zu Popularität. Dabei war es wirklich nur der Buchtitel, nicht das Buch selbst: Das umfasste 509 Seiten, beschrieb die Eisenbahn-Reise des Autors von Boston in den Süden Argentiniens; der titelgebende Patagonien-Express tauchte erst kurz vor Schluss auf Seite 501 auf.

Doch die Eindrücke von Paul Theroux haben inzwischen das Bild vieler Eisenbahnfreunde vom Patagonien-Express geprägt: Die Dampflok beschrieb er als »eine Art wild gewordener Samowar auf Rädern, mit Eisenflicken auf dem Kessel, leckenden Röhren an der Unterseite«. Er diagnostizierte bei ihr »Bronchialprobleme«, sie »rang bei Steigungen japsend und blubbernd um Atem«. Und so völlig ohne Ängste hat er seine Fahrt offenbar nicht erlebt: »Das ganze Gefährt knarrte, und wenn es schnell fuhr, was selten genug vorkam, dann machte es ein solches Getöse von krachenden Kupplungen, klappernden Fenstern und ächzendem Holz, dass ich das Gefühl hatte, es würde gleich endgültig in seine Einzelteile zerfallen, einfach explodieren und seine Splitter in eine der trockenen Schluchten verstreuen.«

Ich habe ihn durchaus nicht so erlebt: »La Trochita« (Der Kleine), wie er im Land heißt, präsentiert sich wie viele Schmalspur-Museumsbahnen für südamerikanische Verhältnisse durchaus akzeptabel. Die Lokomotive sieht keineswegs aus wie ein wild gewordener Samowar, sondern wie eine deutsche Henschel aus dem Jahre 1922, mit trichterförmigem Schornstein und gewaltigem Kuhfänger. Ohne den erinnerte sie mich in der Silhouette ein bisschen an »Die schöne Württembergerin« (2C1) von 1921. Aber vielleicht wurde Theroux ja auch von einer anderen Lokomotive gezogen: »La Trochita« verfügt über sieben Dampfmaschinen,

↑ *Der alte Patagonien-Express pfeift in Esquel, gleich geht er auf seine 150 Kilometer lange Tour.*

→ *Für die Crew beginnt mit dem Start ein harter Arbeitstag, denn sieben Stunden braucht der Zug bis El Maitén.*

außer den Henschels sind auch einige amerikanische Baldwins darunter, die alle ölbefeuert sind.

Und auch die Waggons sehen manierlicher aus als erwartet, es gibt indes auf meiner Tour weder eine erste Klasse noch einen Speisewagen, von dem im Internet die Rede war. Die Mehrzahl der Passagiere sind Backpacker, die offenbar schon einige Zeit unterwegs sind. Mir gegenüber nimmt ein schwerst gebräunter und zeitlos zerknitterter Amerikaner Platz: »I am Joe. I am from Houston, Texas«, sagt er und streckt mir die Hand hin: »Und du?« Während unser kleiner Zug dampfend von El Maitén nach Esquel gen Süden rumpelt, erklärt mir Joe, der offenbar im Hauptberuf als Weltreisender arbeitet, dass er schon mit ziemlich allen Zügen dieser Welt gereist ist: »Ich weiß noch«, erinnert er sich mit einem Anflug von Melancholie, »als man 1992 diesen Zug einstellen wollte, da gab es einen Aufstand, als sollte in San Francisco die Cable Car abgeschafft werden. Da ließen sie doch wenigstens 150 Kilometer in Betrieb.«

Sein Lieblingszug freilich ist ein anderer: »Sind Sie schon mal mit dem Devil's Nose Train gefahren?«, fragt er und rollt kennerisch mit der Pupille, »das ist noch ein echtes Abenteuer.« Ach, denke ich, typisch Ami: Der »Nariz del Diablo Train« ist ein populärer Touristenzug in Ecuador, und das besondere Abenteuer besteht darin, dass die Touristen, ähnlich wie

↖ *Das Interieur besteht aus Holz und Eisen: Solidität und Beständigkeit statt Komfort.*

↑ *Der Heizer am Arbeitsplatz: Die Maschine ist noch nicht museumsreif, sondern fährt immer noch.*

← *Fröhliche Passagiere dampfen durch die Pampas: Am schönsten ist die Fahrt auf einem Platz am Fenster.*

Reisende in Indien oder Pakistan, auf den Waggondächern sitzen können, nur: Jene müssen es, diese finden das besonders »cool«, wie mir auch Joe jetzt versichert. In den einschlägigen Travel Blogs wird die Strecke von Riobamba nach Alausi gern als, hier kommt sein Superlativ, »the world's most dangerous train ride« verklärt.

Wirklich gefährlich, so erinnere ich mich, ist er eigentlich nicht: Die Waggondächer sind mit halbhohen kleinen Gittern eingezäunt, die einem auch als halbwegs bequeme Rückenlehne dienen können. Der Zug, der in vielen spitzwinkeligen Kehren die Bergstrecken bezwingt, hat zumeist eine ausgesprochen gemächliche Geschwindigkeit, er durchquert ja auch kleine Orte und fährt über eingeborene Märkte, stets unter großem Hallo: Die scheinbar waghalsigen Reisenden auf den Dächern winken und grüßen, manche werfen sogar wie im Karneval den Kindern am Schienenstrang Süßigkeiten zu; die Eingeborenen amüsieren sich weidlich über die verrückten Gringos. Sie selbst fahren selbstverstädlich im Zug, nicht auf dem Zug.

Die Aussichten vom Zugdach freilich sind spektakulär; er durchquert in fünf Stunden mehrere Klimazonen, und es empfiehlt sich, warme Kleidung mitzunehmen, am besten auch einen wattierten Schlafsack, schon um sich einen bequemen Sitz zu sichern. »Und, hast du auch die Toilette benutzt?«, forscht Joe augenzwinkernd. Denn das ist das einzige wirkliche Abenteuer der Zugdach-Zugfahrer: Wen während der Fahrt ein menschliches Rühren überkommt, der muss vom Dach über eine Leiter runterklettern, sich zum benachbarten Personenwaggon hangeln, von außen eine Waggontür öffnen und sich ins Innere schwingen, wo es

Linke Seite:
↑ Er fährt den Devil's Nose: Ist dieser wirklich »der gefährlichste Zug der Welt«?

↗ und → Der Zug auf seinem Weg in die Berge: Wer auf sich hält, sitzt oben auf dem eingezäunten Zugdach.

Rechte Seite:
→ Kenner kommen in Winterkleidung,denn trotz der Sonne kann es in den Anden eiskalt sein.

eine freilich nicht unbedingt zu empfehlende Toilette gibt. »Na klar«, lüge ich unverfroren, »ist ein bisschen wie bei Indiana Jones!« (In Wahrheit war ich während eines Halts, wo wir uns etwas zu essen kauften, in der Station: Die Toilette war zwar auch nicht besser, aber wenigstens nicht in schaukelnder Bewegung).

Dass auf der Strecke auch ein roter Schienenbus (»Express«) mit ziemlich qualmendem Diesel verkehrt, ebenfalls mit Dachterrasse und Plätzen im Innern, haben wir beide gesehen, sind aber nicht mit ihm gefahren: »Zu modern«, sagt Joe dazu. Und dann unterhalten wir uns auch noch kennerisch über einen anderen Zug namens »Tren al Cielo«. Wir kennen ihn beide nur aus einem apokryphen YouTube-Video und wissen nicht, wo er fährt. Er scheint die Hardcore-Version von Joes Darling zu sein: Die Dächer haben keine Schutzgitter, und die Lokomotive ist eine Dampfmaschine. Ich schaudere, wenn ich mir vorstelle, wie verrußt, ja womöglich gepökelt die Dachgartenbewohner ihr Ziel erreichen werden.

Dagegen kennt mein neuer Freund Joe natürlich den vielleicht berühmtesten Zug Argentiniens, den »Tren de las Nubes«, manchmal auch »Tren a las Nubes«, also den »Zug zu den Wolken beziehungsweise in die Wolken« und kann sofort darüber begeistert Auskunft geben: »Ich war schon vor dem Break da, und da sind die Leute ja reihenweise ohnmächtig geworden.« Das sind so die Erinnerungen, mit denen ältere Touristen uns immer zu demoralisieren suchen. Motto: Früher war doch sowieso alles besser, zumindest interessanter und abenteuerlicher.

Richtig ist, dass dieser Zug 2005 in ziemlich eiskalter Höhe einmal stehen blieb, mit fünfhundert frierenden Passagieren, die stundenlang auf Hilfe warten mussten. Daraufhin legte die Regierung diese Strecke erst einmal still, die Züge wurden generalüberholt, die Strecken kriegten ein Sicherheitskonzept verschrieben, es dauerte ziemlich lange. Seit dem letzten Jahr fährt der Zug wieder. Eine Schweizer

CATERPILLAR

Stopps gibt es immer wieder, doch der echte Profi hangelt sich zur Zugtoilette runter.

Dieselelektro-Lok zieht die fünf bis sechs rot-weiß-gelben Waggons etwa dreimal pro Woche von Salta aus in die Berge, und es ist auch ein Waggon mit medizinischem Personal dabei und ausreichend Sauerstoffflaschen für alle, die an Höhenkrankheit leiden.

Der Bau der Strecke zwischen Argentiniens Norden und Chile startete 1921, nicht für Passagiere, sondern für den Transport von Bodenschätzen und der Ausbeute der Minen. Sie war erst 1948 fertig, und dann dauerte es noch weitere 25 Jahre, bis sie zu einer touristischen Attraktion werden konnte. Die Station Ingeniero Maury erinnert an den amerikanischen Ingenieur Richard Fontaine Maury, der die trickreiche Strecke mit ihren Zickzack-Steigungen und Spiralen, ihren 29 Tunnels und 13 Viadukten konstruierte und damit gut über 3000 Meter Höhenunterschied überbrückte: nach Einschätzung erfahrener Eisenbahnfreaks ein Meisterwerk der Ingenieurskunst.

»Du hättest mal die alten Wagen sehen sollen«, renommiert Joe, »das war noch alte Eisenbahnherrlichkeit.« Ich habe ihn im Verdacht, dass er ein bisschen aufschneidet. Doch die neuen waren in der Tat ziemlich prosaisch; sie haben zuvor in Vorortzügen in Buenos Aires Dienst getan und scheinen, bis auf einen kurios designten Speisewagen, kaum verändert worden zu sein. Ich sitze inmitten einer aufgekratzten Touristengruppe aus den Vereinigten Staaten, dem Akzent nach aus dem Mittleren Westen, offenbar mehrere Großfamilien, Kinder inklusive; sie sind schon morgens um sieben bei der Abfahrt in aufgeregter Hochstimmung, fotografieren sich gegenseitig in allen möglichen Posen, den Zug, die Indios, den Bahnhof, überhaupt alles.

Der Zug fährt los, ziemlich pünktlich sogar, beschleunigt auf das Tempo eines mittleren Radlers, hält an, fährt wieder los und immer so weiter. Nach zwei Stunden sind, trotz wunderbarer Panoramen, meine amerikanischen Nachbarn eingeschlafen; die Kinder haben sich, offenbar gewohnheitsmäßig, unter dem Fernseher an der Waggondecke zusammengefunden und schauen sich verträumt einen hübschen Naturfilm an; aus dem Fenster könnten sie sehr Ähnliches live erleben.

Und auch ich finde nach weiteren drei Stunden: Die Fahrt ist schön, sie ist langsam und – auf hohem Niveau – auch schön langweilig. Ich gehe in den Speisewagen, ich esse Spaghetti (mittelmäßig) und trinke Wein, ich mache ganz langsam, aber wir sind immer noch nicht da.

Der Himmel ist strahlend blau, die Wolken, die dem Zug seinen Namen gaben, sind weit und breit nicht zu sehen. Es wird karger und steiler, das Klicken der Kameras wird weniger hektisch. Es ist Eisenbahnfahren pur: Wir werden ja nirgendwo ankommen, die Reise hat kein Ziel, nur eine Wendemarke, von wo es dann wieder zurückgeht, über dieselbe Strecke, dieselben Brücken. Im Gegensatz zu Joe sehe ich auf meiner Tour nur ein paar wenige Passagiere, die sich auf etwas wackligen Beinen ins Krankenrevier schleppen, um sich eine ordentliche Dröhnung mit reinem Sauerstoff oder auch ein paar Tabletten verabreichen zu lassen.

Bei 3200 Metern kommt es auch mir so vor, als sei mein Kopf leichter (und sein Inhalt weicher) geworden, ein Gefühl, als stünde mir eine gelinde Seekrankheit bevor, doch gottlob wird es nicht ernster. Als wir oben sind, zittere ich hauptsächlich wegen der Kälte. Der Gipfelpunkt ist das Viadukt La Polvorilla (Kameras raus!), eine 220 Meter lange Stahlkonstruktion, 60 Meter über einem schroffen Abgrund. Die Passagiere müssen – aus Sicherheitsgründen, wie es heißt – aussteigen, bevor der Zug sich zu den Klängen kräftiger Blechbläser in Zeitlupe über die Schlucht bewegt. Nach einer Viertelstunde ist er bereit zur Rückfahrt. In San Antonio de los Cobres (3774 Meter) bringen uns noch einmal die unermüdlichen Indio-Flöten ein Ständchen, Händler bieten Tortillas an und »garantiert« handgewebte Ponchos. Dann senkt sich irgendwann die Dunkelheit über den Zug, die Touristen dämmern endgültig langsam ein. Noch fünf Stunden, dann sind wir wieder dort, wo wir heute früh am Morgen gestartet sind.

↖ Als Zweitzug verkehrt der Devil's Nose auch als Schienenbus, hier bei der Fahrt hinunter ins Flusstal unterhalb von Alausi.

↑ Das berühmte Viadukt La Polvorilla auf über 3000 Meter Höhe ist der Gipfelpunkt des Tren de las Nubes.

← Wolkenzug-Passagiere am Wendepunkt: Von hier geht es wieder bergab.

BILD: CHRISTIAN HEEB   TEXT: HORST-DIETER EBERT

WO DER EIGNER SELBER MITFÄHRT

MIT DEM ROVOS RAIL VON PRETORIA NACH KAPSTADT

↑ Sieht älter aus, als es ist: das Wappenschild des »Rovos Rail«.

→ Einer der vier Dampflok-Oldtimer des Rohan Vos, die auf der Strecke jeweils mit Diesel- und Elektrozugmaschinen wechseln.

↗ Bei der Gestaltung der Kabine wurde sorgsam auf Details geachtet (links).

Sekt zum Empfang macht gleich gute Laune (Mitte).

Auch die Porter lächeln und sorgen dafür, dass das Einchecken angenehm und erfreulich wird (rechts).

Es gibt keine Eisenbahnpioniere, die so berühmt wurden wie die vielen Erfinder des Automobils. Daimler, Benz, Maybach, Ford, Citroën, Bugatti – legendäre Namen allesamt, bis heute geehrt durch die Millionen Autos, die unter ihrem Namen herumfahren. Wer kennt dagegen schon George Mortimer Pullman, den amerikanischen Erfinder des Schlafwagens, und George Nagelmacker, den Gründer der »Compagnie Internationale des Wagons-Lits«, der die Luxuszüge mit Schlaf- und Speisewagen auf europäischen Strecken heimisch machte?

Die großen Züge – vielleicht mit Ausnahme des kleinen englischen Schwesternzuges zum »Venice Simplon-Orient-Express«, der regional als »British Pullman« bekannt ist – tragen keine Familiennamen. Selbst Hotelgründer – Ritz, Adlon, Claridge, Negresco – sind da selbstbewusster als die Initiatoren von Internationalen Eisenbahnstrecken. Aber, im Ernst, »Sherwood-Express« würde wohl auch keineswegs so attraktiv klingen wie »Eastern & Oriental Express«.

Doch auch diese Regel wird durch eine Ausnahme legitimiert: Es gibt in Afrika einen Zug, der immerhin halbwegs die Flagge seines Gründers und Eigners vor sich herträgt, auch wenn man seinen Namen zunächst für eine afrikanische Bezeichnung halten mag: »Rovos Rail« entstand aus ROhan VOS, dem Namen seines Initiators, der stolze Untertitel »The Pride of Africa« kam erst später hinzu.

Als ich mich in Pretoria zu meiner Fahrt einfinde, beginnt meine Begeisterung bereits im ersten Augenblick: So habe ich mir immer schon den stilvollen Start einer Reise vorgestellt. Die kleine Reisegesellschaft hat sich in der Departure Hall des Hotels Victoria eingefunden, das seinem Namen alle nostalgische Ehre macht. Es werden Tee und Gebäck gereicht. Zwei würdige Stehgeiger lassen Konzertantes vom Bach-Konzert bis zum Strauß-Walzer ertönen. Dann tritt zu unserer Begrüßung der Eigner des südafrikanischen Zuges auf. Er wirkt jugendlich, kein bisschen zeremoniell und warnt uns in wohldosiertem Scherzton: »Die Aircondition funktioniert nicht immer, sie ist sehr empfindlich gegen Dampf, aber es gibt einen Ventilator und einen Heizkörper in jeder Suite ...«

Der schlanke freundliche Mann, dessen Namenskürzel »Rovos« jeden Wagen seines Zuges ziert, wurde mit dem Handel von Traktoren und Ersatzteilen zum vielfachen Millionär. Der Eisenbahn-Spleen befiel ihn, als er vom Staat gebeten wurde, etwas für die Erhaltung alter Dampflokomotiven zu spenden. Und er hatte sofort eine Idee, wie sie nur ganz reichen Leuten einfallen kann: »Ich dachte, es wäre doch schön, einen kleinen Zug für die Familie zu haben.«

3533

Wie ein Lindwurm schlängelt sich der Rovos Rail durch die südafrikanische Landschaft.

Vos begann, alte Lokomotiven und Eisenbahnwaggons zu sammeln und zu restaurieren und war alsbald über die familiäre Dimension hinaus: Heute besitzt er vier Dampflokomotiven und ein gutes Dutzend Schlaf-, Bar- und Speisewagen, die ältesten stammen aus der Zeit der Jahrhundertwende, die jüngsten aus den dreißiger Jahren; außerdem kaufte er das kleine Victoria Hotel gegenüber dem Bahnhof von Pretoria, von dem aus sich der Rovos Rail jeden Mittwochnachmittag auf die Reise nach Kapstadt begibt. Er nimmt sich für die 1600 Kilometer fast 47 Stunden Zeit (fast doppelt so lange wie der »Blue Train«), mit zwei touristischen Stopps freilich, in der berühmten Goldgräberstadt Kimberley und in dem nicht ganz so bekannten Museumsdorf Matjiesfontein.

Überhaupt ist der Rovos Rail der touristisch aktivere Zug: Neben seiner Rennstrecke Kapstadt–Pretoria (oder auch: Pretoria–Viktoriafälle) absolviert er auch eine 18-tägige Reise von Kapstadt nach Daressalam (oder in Gegenrichtung), die – mit zehn Nächten an Bord – unter anderem auch von deutschen Veranstaltern angeboten wird (siehe Anhang): Als besonderen Vorzug merkt jener an, dass diese Reise ganz »ohne den üblichen Dresscode des Rovos Rail« auskommt (auch direkt auf der Rovos-Rail-Homepage buchbar).

Die jungen Hostessen, die uns auf dem Bahnsteig mit einem Gläschen Sekt empfangen, sehen in ihren Faltenröcken und geblümten Blusen ein bisschen aus wie ihre eigenen Großmütter: »Die Uniformen sind nicht sehr vorteilhaft, aber dafür original dreißiger Jahre«, erzählt mir eine mit dem

↖ *Nach jedem Ausflug werden Erfrischungen gereicht – immer wieder ein freundliches Willkommen.*

↑ *Der Maître präsentiert die Speisenkarte: Fünf Gänge gibt es, und zu jedem eine Alternative.*

← *Beim Aperitiv im Speisewagen freuen sich alle sichtlich auf das Abendessen.*

schönen Namen Sonette, die mir auch meine Kabine zeigt. Die Suiten, wie Vos sie vorzugsweise nennt, erklären den selbstbewussten Titel, den sich der »Stolz von Afrika« (aber auch der Royal Scotsman) zugelegt hat: »der luxuriöseste Zug der Welt«. Tatsächlich habe ich schon in Hotelzimmern gewohnt, die kleiner waren. Ich blicke aus vier Fenstern, und auf der Seite zum Gang hin kann ich drei Scheiben aufziehen, sodass ich Sicht nach beiden Seiten habe.

Das Bett steht quer zur Fahrtrichtung und nimmt in seinem opulenten King-Size-Format fast ein Drittel der Kabine ein. Zwei gemütliche Rattansessel flankieren einen viereckigen Tisch, auf dem zum Willkommen ein Obstteller, etwas Biltong, das luftgetrocknete Fleisch Afrikas, und ein kleines Fläschchen einheimischer Schaumwein dekoriert sind.

»Und wenn Sie mich haben wollen«, erklärt mir Sonette in ihrem ulkigen Englisch die Intercom-Wechselsprechanlage, »dann drücken Sie A und dann viermal die Taste ›Call‹, dann melde ich mich.« Wie sich herausstellen wird, funktioniert das tatsächlich. Vielleicht hätte mir Sonette auch zeigen sollen, wie man sich die Hände wäscht, denn das erweist sich als sehr viel weniger einfach.

Das Becken dafür, aus Metall und kaum größer als ein Motorradhelm, wird aus der Wand geklappt, und dann liegen die beiden Hähne so nahe am Rand, dass man seine Hände unmöglich unter das laufende Wasser halten kann; selbst das Füllen des Zahnputzbechers wird zum Problem. Doch ansonsten besitzt das Bad erfreuliche Abmessungen und ein eigenes Fenster; an der Wand hängen ein deutscher Gasboiler und ein Föhn; und in der Duschkabine kann man nicht nur stehen, sondern sich auch bewegen.

Der Zug führt 22 solcher Suiten wie meine »Shangani« in Wagen 8242 (und zehn kleinere), dazu vier noch größere

Linke Seite:
↑ Zwischen den Mahlzeiten und den Zwischenstopps ist der Aussichtswagen der beliebteste Platz der Reisenden.

→ Mit einem Gong ruft die charmante Waitresse die Passagiere: Es ist schon wieder Essenszeit.

⇥ Die Hors d'oeuvre sehen appetitlich aus, munden wohl und sind reichlich.

Rechte Seite:
↗ Zug- und Reisebücher gibt es in guter Auswahl an Bord, und ein ruhiger Platz zur Lektüre findet sich überall.

→ Nachtruhe in Afrika: Das Bett in der Deluxe-Suite hat Hotelqualität.

↑ *Hygiene in luxuriöser Form: Die Passagiere in den Royal Suites können sogar ein Vollbad genießen.*

↗ *Im Speisewagen servieren die Kellner im Smoking.*

→ *Zum Frühstück bedient sich jeder vom Büffet – das Angebot ist klein, doch fein.*

Royal Suites, kann mithin lediglich 72 Passagiere befördern. Heute sind es nur 28, von denen sich inzwischen alle, die eine Kamera besitzen, an der Spitze des Zuges versammelt haben. Dort dampft und pafft jetzt eine gewaltige Dampflokomotive heran – für die Experten: so eine Art Red Devil in Grün, Achsfolge 2-D-2, mit stromlinienförmig sich verjüngendem Tender – und koppelt sich im Blitzlichtgewitter der Eisenbahnfreunde vor unsere Wagen. Mister Rovos Rail Vos muss immer wieder vom Lokführerstand herunterlächeln, obwohl die Maschine gar nicht ihm, sondern der Südafrikanischen Eisenbahn gehört.

Und die zieht uns jetzt bis Kapstadt? »Nein, nein«, sagt Vos ohne jede Verlegenheit, »die bringt uns bis Krügersdorp, das ist zweieinhalb Stunden von hier, dann kriegen wir eine elektrische, dann eine Diesellokomotive, aber zwei Stunden vor Kapstadt wechseln wir wieder um auf Dampf.« Ob denn ein Zehntel der Strecke ausreicht, um einen Zug unter dem Etikett nostalgischer Dampflok-Romantik zu verkaufen? »Wir haben auf jeder Tour drei bis vier richtige Dampflok-Freaks«, hat Vos beobachtet, »aber alle anderen beschweren sich über den Schmutz.«

Im Observation Car, neuzeitlich übergroß verglast und mit vielen schönen Eisenbahn-Bildbänden ausgerüstet, trinken sich die Passagiere für das Abendessen in Stimmung. Die Getränke sind inklusive. Es wird heftig gemixt, und den Sekt (»Methode champenoise«) nennen wir nach Landessitte Champagner: »Die meisten Gäste schwören«, sagt der Barmann hochgemut, »dass er mindestens so gut ist wie französischer!«

Dann sitzen wir endlich zwischen den zierlichen Holzsäulen unter den Deckenventilatoren im Speisewagen, Jahrgang 1929. Vielleicht ist es wirklich besser, dass die großen

schwarzen Rauchwolken von der Lokomotive nicht mehr an den Waggons vorbeiziehen: So gut schließen die alten Fenster nicht, dass sich sonst nicht ein Öl-und Rußfilm auf den weißen Tischdecken niederschlagen würde.

Das Dinner umfasst fünf Gänge und bei fast jedem gibt es eine Alternative: Nach der Suppe entweder Räucherlachs oder Krebsschwänze, vor dem Hauptgang ein Sorbet. Und wer nicht die Peri-Peri Chicken Wings ordert, sondern das Rinderfilet mit grüner Pfefferkorn- und Cassis-Sauce, darf auch noch entscheiden, wie er es haben möchte. Doch ob medium oder rare, alle werden graubraun zu Tode gebraten serviert; eine Reklamation ändert nichts an dem Ergebnis. »Der Koch bedauert«, bestellt eine versöhnlich lächelnde Melody, »aber daran kann er gar nichts machen!« Stattdessen bringt sie große Dessert-Portionen: ganz süßen »Apple Strudel« oder ein schön alkoholisches Grand-Marnier-Parfait. Der wendige Barmann mimt derweil den Sommelier. Die Weinkarte, alles inklusive, enthält von einem Klein Constantia Chardonnay bis zu Bertrams Shiraz 15 Weine, für die sich auch ein anständiges Restaurant nicht schämen müsste. Draußen zieht die eintönige, trockene Karoo-Hochebene vorbei und verschwindet in der Dämmerung; morgen werden wir das Weinland um Paarl erreichen.

»Darauf müssen wir einen trinken«, sagt mein Nachbar jovial. Ich mache es ihm nach, bestelle zusätzlich noch die Käseplatte und einen Rubicon von Meerlust. Keiner muss hungern auf dem Rovos Rail, und für Weinfreunde gibt es keinen besseren Zug!

Wo sich die Parallelen der Gleise im Unendlichen treffen: Blick von der Aussichtsplattform beim Sonnenuntergang.

WO ES TEE WIE IN LONDON GIBT

MIT DEM BLUE TRAIN DURCH SÜDAFRIKA

↑ *Kurz vor der Abfahrt aus Cape Town bietet der weißbehandschuhte Zugbegleiter ein freundliches »Welcome«.*

→ *Ein erster Drink an Bord: Diese Bar würde sich auch in einem Hotel gut machen.*

↗ *Die vielen Bestecke wecken bei den Gästen Hoffnungen auf große Genüsse (links).*

Die Menükarte und die geschliffenen Gläser sind eine Verheißung (Mitte).

Einmal auf dem »Blue Train« sein! Afrikanische Kinder beim Halt auf dem Bahnhof (rechts).

Wer fährt schon gern weg aus Kapstadt? Die schöne Stadt am Südende des afrikanischen Kontinents zieht ja fast jeden Besucher in ihren Bann: das theatralische Naturspektakel über dem Tafelberg, wo Sonnenschein und Gewitterschlag so schnell und so theatralisch wechseln wie sonst kaum irgendwo auf der Welt; die Bilderbuchstrände mit den dramatisch anrollenden Wellen; das quirlige Leben an der »Waterfront« und schließlich das berühmte Weinrevier zwischen Stellenbosch, Franschoek und Paarl, Kapstadts berühmtestes, süffigstes Ausflugsziel mit Weinen, die längst mit den besten in Europa konkurrieren ...

Doch wenn man Kapstadt schon verlassen muss, und wenn man das stilvoll bewerkstelligen will, dann gibt es eigentlich nur einen Weg: den mit dem berühmten Blue Train!

Ich bin mal wieder etwas spät dran, in der »Blue Train Lounge« im Bahnhof von Kapstadt haben sich schon ein paar Dutzend Passagiere versammelt, und obwohl es erst kurz nach 8 Uhr am Morgen ist, wird auch schon ein bisschen Schaumwein konsumiert zu den kleinen Kanapees, die von ein paar reizenden Hostessen serviert werden. Die Stimmung ist animiert, viele gehören offenbar zu einer Gruppe, kennen sich alle und lachen in kennerischer Vorfreude. Dann bringen uns die uniformierten jungen Leute zu unseren Abteilen.

Bevor ich sonst etwas vom neuen Blue Train sehen kann, muss ich erst einmal die Technik in meiner Kabine bewundern. Erik – »I am your butler!« – zeigt mir das kleine Handy: »Sie brauchen nur 255 zu wählen und schon haben Sie mich! Und jeder kann Sie anrufen!« Er demonstriert mir die Fernsteuerung für den Grundig-Fernseher, der hoch oben über dem Kleiderschrank eingebaut ist und jetzt nur den Blick von der Lokomotive auf die Gleise vor uns zeigt: »Aber wenn wir fahren, gibt es auch Videos!« Und so ganz nebenbei kann man mit der Fernbedienung auch die Jalousetten am Fenster auf- und abfahren lassen.

Der Ur-»Blue Train« verdankte seine Existenz einem der umstrittensten und reichsten Männer der Zeit: Cecil Rhodes, Imperialist, Rassist, Freimaurer, Gründer und Eigner des Diamantenmonopols von »de Beers«, später Premierminister Südafrikas, hatte sich eine Eisenbahnlinie von Kapstadt bis Kairo erträumt. Dazu kam es nicht. Doch bis zu den Minen von Kimberley ging es mit der Strecke immerhin voran, und dann – als dort erste Goldfunde gemeldet werden – schneller auch bis Johannesburg.

1923 startet der junge südafrikanische Staat eine Eisenbahnlinie von Kapstadt, wo die Überseedampfer aus England anlanden, zu den Minen von Johannesburg und Pretoria. 1927 wird der Zug auf dieser Strecke

DINNER
THE HIGHLIGHT OF YOUR JOURNEY
SOMETHING WARM
THE MAIN EVENT

Platform 1
Kimberley
Platform 1
Kimberley

erstmals luxuriös aufgerüstet, dann alle zehn Jahre wieder; ab 1946 heißt er »Blue Train«, 1972 werden die Wagen wieder ausgewechselt, und 1997 erhält er – für umgerechnet zwölf Millionen Deutschmark – seine heutige Ausstattung. Die Premiere wird von einer bunten und glamourösen Festgesellschaft begleitet: Präsident Mandela weiht in Pretoria den glänzenden neuen Zug ein, an Bord amüsieren sich Prominente von Bischof Desmond Tutu bis Naomi Campbell, Mia Farrow bis Quincy Jones.

An den alten Blue Train erinnert heute nur noch die leuchtend blaue Bemalung mit den gelben Streifen. Der alte war berühmt, aber von limitiertem Luxus und einem doch recht altbackenen Design. Ich hatte damals versucht, meinen relativ bescheidenen Koffer unter dem Bett oder in der oberen Ablage unterzubringen und war in beiden Fällen gescheitert. Die Nasszelle hatte eher eine Alibifunktion, benutzen konnte man sie eigentlich kaum. Das Schönste waren noch die großen Früchtekörbe und farbenprächtigen Blumenbuketts und das verschwenderische Silbergeschirr, als wäre Südafrika nicht das Land der Goldminen, sondern das der großen Silberfunde.

Der aktuelle Blue Train besteht jetzt aus 18 Waggons mit fast 400 Metern Gesamtlänge: Darin können bis zu 84 Passagiere reisen, die Fahrt von Kapstadt nach Pretoria oder umgekehrt dauert 26 Stunden für die rund 1600 Kilometer. Sie kostet, je nach Kabinentyp, pro Person zwischen 800 und 1360 Euro, alle Mahlzeiten und Getränke inklusive, »wenn es sich nicht gerade um französischen Champagner oder russischen Kaviar handelt«, wie der Zugchef witzelnd hinzufügt.

Meine Kabine besitzt angenehme Ausmaße, die durch einen halbhohen Spiegel in Fahrtrichtung optisch noch vergrößert werden. Die Wände bestehen aus poliertem Walnuss mit ein paar sparsamen Intarsien, die Beschläge glänzen in Messing, das Fenster hat – 16:9 ist gar nichts dagegen – extremes Breitwandformat. Die großen blauen Sessel, aus de-

Linke Seite:
↖ Im Salonwagen zwischen Kapstadt und Pretoria – so schön kann Zugfahren sein!

← Halt in der Diamantenstadt Kimberley, in der Cecil Rhodes, britischer Kolonialpolitiker und Minenbesitzer, reich wurde.

Rechte Seite:
↖ Für das Dinner empfiehlt der Zug einen Dress Code: Jackett und Krawatte bitte mindestens, Smoking durchaus erlaubt.

↑ Der Service bleibt hinter der Ausstattung des Zuges nicht zurück; freundliche Kellner servieren was-auch-immer wo-auch-immer.

← Ritz-Carlton oder Blue Train? Das rollenden Schlafzimmer kann durchaus mit einem guten Hotel konkurrieren.

nen dann später die Betten gefaltet werden, sehen mit ihren Bordüren, Knautschrollen, kleinen und großen Kissen und der weißen Kopfserviette ein bisschen spießig aus, aber spießig auf erkennbar teurem Niveau.

Ich kann meinen Kofferinhalt mühelos im Schrank unterbringen, nur die Hosen schleifen auf dem Boden, und die Hemden müssen für die Schubfächer auf DIN-A4-Format verkleinert werden. Doch der Stauraum ist für Zug-Verhältnisse

↑ Bei diesem Viadukt klicken die Kameras: Vierhundert Meter Blue Train schlängeln sich um die Kurven.

→ Nach der Fahrt durch so viel Steppengrau freut man sich über das üppige Grün der fruchtbaren Ebene.

geradezu üppig, es gibt einen elektronischen Safe, und sogar der Schrank lässt sich abschließen; dies ist, wir sind ja in Südafrika, ein Zug für Sicherheitsbewusste.

Erik öffnet öffnet beifallheischend die Tür zu meiner Nasszelle: Waschbecken, Toilette und eine Duschzelle, in der sich auch die schwersten Gewichtsklassen komfortabel bewegen könnten. »Alles Marmor«, sagt mein Butler respektvoll und dreht spielerisch einen Wasserhahn auf: »Und die Armaturen, echt vergoldet.« Ich muss gestehen: Schöner habe ich das auf der Schiene nie erlebt.

Die Mahlzeiten finden in zwei Sitzungen statt; ich habe mich für die zweite entschieden, Lunch um 14 Uhr (ganz aktuell nennen sie es Brunch), Dinner um 20.30 Uhr. Der Tisch blinkt voller Silber und geschliffenem Glas. Der Kellner serviert einen fast allzu schwer bepackten Teller mir Amuse-Gueules: ein winziges Lebertortelette, ein vegetarisches Sushi, eine kleine Pyramide aus Lachstatar.

Ich überspringe die Suppe, kriege einen zarten Lobster in einer sanften gelben Curry-Ingwersauce und schließlich »Bobotie« – so eine Art Labskaus auf Afrikanisch, aber auch

↑ *In Matjiesfontain halten alle südafrikanischen Züge; die alte viktorianische Stadt ist inzwischen ein »National Historic Monument«.*

→ *Das viktorianische Lord-Milner-Hotel ist 110 Jahre alt und damit eines der ältesten Hotels im Land.*

hier natürlich von der besseren Gastronomie küchentechnisch höchst verfeinert: Es kommt in einer kleinen Kuchenform, sieht aus wie Crème brulée, doch unter einem kleinen Eierstichhütchen verbirgt sich was Durchgedrehtes, mit Rosinen Angereichertes, falscher Hase mit einem Hauch Exotik. Dazu wird Mango-Chutney gereicht, geraspelte Kokosnuss und ein leicht angeschärftes Tomaten-Zwiebel-Konfetti.

Der Dresscode für das Mittagessen heißt »smart-casual«, die erste Silbe davon hat, soweit ich sehen kann, keiner so richtig zur Kenntnis genommen, aber ungezwungen sind fast alle. Abends schreibt das Reglement »jacket and tie and ladies in elegant evening wear« vor, und da mischen sich tatsächlich einige Smokings und Abendkleider unter das bunte japanisch-amerikanisch-europäische Volk; ein paar Unentwegte kommen indes auch jetzt wieder so kostümiert, als warteten sie auf einen plötzlichen Stopp, um dann im Busch auf Safari zu gehen.

So viel Busch ist indes nicht zu sehen. Kaum haben wir die Kapstadt-Region verlassen, rollen wir stundenlang durch

die Karoo, eine ziemlich unwirtliche (und ziemlich langweilige) Trockensteppe, in der Tiere, jedenfalls mit bloßem Auge, nicht zu beobachten sind. Nach dem Mittagessen halten wir in Matjiesfontein, einer Art altkolonialem Museumsdorf, was übersetzt »Quelle der jungen Mädchen« heißt.

Einst diente es als Station, in der die Dampflokomotiven Wasser tankten. Ein lungenkranker Schotte kurierte hier Ende des 19. Jahrhunderts sein Leiden aus, baute die »Oase im

↖ Stets glänzend poliert und mit spiegelnden Scheiben, wie es sich für ein Fünf-Sterne-Hotel auf Schienen gehört.

↑ Zum zehnten Jahrestag der südafrikanischen Demokratie, 2004, wurde die Nelson-Mandela-Statue in Johannesburg aufgestellt.

← Und er lächelt immer noch: ein letztes Erinnerungsfoto von unserem freundlichen Zugbegleiter am Ende der Reise.

Niemandsland« zu einen Luftkurort aus und wurde mit Gästen wie Cecil Rhodes, dem Sultan von Sansibar oder Edgar Wallace zu einem reichen Mann. Heute steht die putzige Siedlung unter Denkmalschutz, ein englischer Doppeldeckerbus steht für die »City Tour« durch die eineinhalb Straßen zur Verfügung, im viktorianischen »Hotel Milner« gibt es auch ein Restaurant mit angeblich guter Weinauswahl.

Mit den Weinen im Zug nämlich habe ich, nach Tagen in der wunderbaren Weinregion Kapstadts, gelinde Probleme. Sie kranken, wie heutzutage die Inclusiv-Leistungen vieler Veranstalter, an allgemeiner Sparsamkeit oder auch der Befürchtung, von einem guten Tropfen würden die Passagiere womöglich viel mehr trinken als von mittelmäßigen. Und so sind sie auch: eine Auswahl der allerpreiswertesten und populärsten, Fleur du Cap, Bellingham und Nederburg ohne Ende: »Das trinken meine Kinder«, lacht ein älterer Südafrikaner und zeigt auf den Sekt, »weil er so schön billig ist!«

Im Übrigen sind, bis auf ein paar Gerichte der Küche, die Weine das einzig wirklich Afrikanische in diesem Zug. Sonst wirkt er kompromisslos international: Design und Ausstattung verraten keine Herkunft, allenfalls mit detektivischer Spürnase lassen sich ein paar Indizien ausmachen. Im Lounge Car stehen auf der Bar zwei kleine schnaubende Elefanten aus Holz und im Bücherregal »Die Vögel von Afrika«. Aha, da weiß man natürlich Bescheid.

Meine Sternstunde kommt kurz vor der Ankunft: Das Telefon klingelt, endlich, denke ich, endlich ruft mich jemand an, die Technik macht sich bezahlt, ich komme mir sehr wichtig vor: »Jawohl«, rufe ich in den Hörer, »hier ist Horst-Dieter Ebert!« Und höre am anderen Ende eine vertraute Stimme: »Hier ist Erik, Ihr Butler, ich wollte nur fragen: Kann ich Ihnen vor der Ankunft in Pretoria noch irgendwas servieren?«

BILD: JOHANN SCHEIBNER TEXT: HORST-DIETER EBERT

WO MAN DURCH FREMDE VORGÄRTEN ROLLT

IM EASTERN & ORIENTAL DURCH MALAYSIA

↑ *Auch die Bar ist »eastern & oriental«: Dieser Cocktail ist ein »Singapore Sling«.*

→ *Die Fahrt führt mitten durch den Dschungel, der zum Anfassen nah erscheint.*

↗ *Die Bordküche ist klein, doch das Repertoire des Kochs scheint unerschöpflich (links).*

Schönheiten aus den Ländern des Lächelns: zwei unserer charmanten Kellnerinnen (Mitte).

Ein paar frische Früchte stehen stets in den Abteilen bereit (rechts).

Aus dem Bahnhofsrestaurant »M. Hasan Railway Station Canteen«, das ein paar Plastiktische auf dem Bahnsteig stehen hat und unter malaysischen LKW-Fahrern als beliebter, weil immens preiswerter Curry-Shop gilt, sehe ich gerade zwei hartgesotten wirkende deutsche Alternativ-Traveller herauskommen. Sie schütteln sich schaudernd: »Ganz schön versiffter Laden das!«

Den Bahnhof von Singapur vermögen allenfalls ganz lokalpatriotische Reiseführer als ein schönes Beispiel des Art déco zu rühmen. Das wuchtige Gebäude von 1932 fällt eher in die Kategorie der dekorativen Bunkerarchitektur, mit ein paar Vorklängen von sozialistischem Realismus: Denn dieser Bahnhof gehört dem nördlichen Nachbarstaat, und auf dem Bahnsteig, wo die Züge abgehen, arbeitet die malaysische Passkontrolle.

Das Innere lässt noch einen Rest von vergangener Pracht ahnen. Und vor dem Eingang zum Bahnsteig 2 steht ein Empfangspult mit ein paar adrett grün Uniformierten, die mir mit einem herzlichen »Welcome to the Eastern & Oriental Express« mein Ticket und mein Gepäck abnehmen. Ich kriege eine Bordkarte wie im Flugzeug, einsteigen könne man um 14.30 Uhr, der Zug werde jeden Augenblick kommen, vorher dürfe aber noch keiner auf den Bahnsteig.

Ich folge den übrigen Reisenden auf den Nachbarbahnsteig, um das Einlaufen des Zuges zu beobachten. Von Ferne kriecht etwas Grünes näher. Das muss er sein, unser Luxuszug. Er nähert sich in Zeitlupe und rückwärts, mit dem Aussichtswagen vom hinteren Teil des Zuges an der Spitze. Ich wette, der Lokführer ist mit Fuji oder Sony im Bunde; bei seinem Schneckengang bekommt sogar der Amateurfilmer schon jetzt das erste Video voll.

Der Eastern & Oriental läuft ein in klassischer Farbkombination aus Beige und Racing Green (sie selbst nennen es Dschungel-Grün), sein Name steht in blitzenden Goldbuchstaben auf jedem Wagen, es fehlt auch nicht ein wappenähnliches Logo wie von Cartier, mit einem Panter, als sei er der Pasha-Collection entsprungen. Wenn man es nicht besser wüsste, könnte man ihn auf den ersten Blick durchaus für einen gut gepflegten Oldtimer halten.

Meine Kabine ist in Wagen A, der hängt als Erster hinter zwei Generatorenwagen an der Lokomotive, mithin führt der Weg dahin an 17 andern Waggons vorbei, der Zug ist heute (22 Wagen wird seine Maximalgröße sein) 370 Meter lang.

Drei strahlende junge Thai-Stewards heißen mich willkommen, einer reißt meine Kabinentür auf, und ich schrecke erst einmal zurück. Mein

E&O

EASTERN & ORIENTAL EXPRESS

Koffer – kein Schrankkoffer, sondern das übliche Maß – steht schon drin, auch mein kleines Handgepäck und eine Tüte mit Büchern, aber damit scheint das Lokal bereits wegen Überfüllung geschlossen werden zu müssen: »Vielleicht nehmen Sie sich was raus«, schlägt der hilfreiche Steward (»I am Weera«) vor, »und dann bringe ich alles in den Gepäckwagen!?«

Ich verschiebe das Problem und gehe in den Barwagen in der Mitte des Zuges. Dort flattern bereits, obwohl der Zug noch steht, fünf oder sechs malaysische und singapurische Schönheiten herum, voller Unternehmungslust und Geschäftstüchtigkeit: »Die Bar ist schon offen. Wollen Sie nicht etwas trinken?« Sie tragen rosa Cocktailkleider, knöchellang, mit schönen Stickereien und fabelhaft geschnitten. Natürlich kann ich ihnen nichts abschlagen, also bestelle ich ein Glas Wein, und als der Zug anruckt, entschließe ich mich, zum Ende des Zuges zu promenieren.

Auf dem Aussichtswagen, dessen Plattform nach drei Seiten offen ist, sitzt bereits ein stattlicher Herr mit leuchtend blauen Augen und lauscht erkennbar befriedigt den »Ohhs!« und »Ahhs!«, den »Terrific!«- und »Absolutely fantastic!«-Ausrufen der Passagiere, die sich hier sammeln. Er kommt mir ein bisschen vor wie ein großer dicker Junge, der stolz auf sein neues Spielzeug ist und nun mit Besitzermiene den Beifall entgegennimmt für den guten Geschmack, den er mit dessen Anschaffung wieder bewiesen hat: Es ist, einstweilen unerkannt, James B. Sherwood, der Herr des Eastern & Oriental Express.

Der Zug ist Sherwoods neuestes Spielzeug, doch nicht sein einziges. Überhaupt macht der gebürtige Amerikaner, der seit über 50 Jahren in London lebt und arbeitet, den ausgeruhten Eindruck eines Mannes, der seinen Hobbys nachgeht. Er könnte es sich leisten. Sherwood baute in den sechziger Jahren eine Gesellschaft für Schifffahrtscontainer auf, sie wurde weltweit zur größten. 1990 trennte er sich für

Linke Seite:
↖ Auf der offenen Aussichtsplattform am Ende des Zuges ist man der Natur am nächsten.

⇤ Das kleine Bad im eigenen Abteil ist sehr kompakt, doch funktioniert erstaunlich gut.

← Service in einer Standard-Kabine: Steward Woody bereitet die Betten zur Nacht.

Rechte Seite:
↖ Hier hat jeder einen Fensterplatz: Ein deutsches Paar genießt die Fahrt im Barwagen.

↑ Unsere männlichen Zugbegleiter lächeln mit den Damen um die Wette.

← Zollkontrolle in Singapur: Der Eastern & Oriental wartet in der Keppler Station auf seine Passagiere.

↑ *Roomservice inklusive: Auf Wunsch bringt Woody das Frühstück in die Kabine.*

↗ *Zum Lunch werden mehrere Gänge im Speisewagen serviert.*

→ *Der Zug ruckelt, der Kellner balanciert: Service im Zug erfordert Geschicklichkeit.*

über eine Milliarde Dollar von sechzig Prozent der Anteile. Seit der Gründung des Venice Simplon Orient Express (siehe dort) sucht er nach anderen Strecken für Luxuszüge. Bei einer Reise mit seiner Frau durch Thailand und Malaysia, in eigenem Salonwagen, wie es sich für einen der Superreichen unserer Welt gehört, entdeckt er die Verbindung von Singapur nach Bangkok: »Wie die meisten Reisenden waren auch wir zumeist isoliert in Hotels und Flugzeugen. Die Fahrt im Zug gab uns plötzlich ein ganz neues und viel intimeres Gefühl für das Land.«

Er fand in Neuseeland 31 stillgelegte Wagen eines Expresszuges, der ab 1971 Auckland und Wellington verband, aber bereits 1980 eingemottet wurde, weil die Leute lieber per Jet reisten. Bei der Restaurierung der Wagen, sagt Sherwood, ließ er sich von Josef von Sternbergs Film »Shanghai Express« aus dem Jahr 1932 mit Marlene Dietrich inspirieren: viel Mahagoni, viel Rattan und vor den Fenstern des Barwagen hängen Schilf-Rolläden, eine Dekoration aus Nostalgie und Orient, aber mit westlich-modernem Komfort.

Der Fahrtwind auf unserer luftigen Aussichtsplattform trifft, selbst bei den Geschwindigkeiten um 50 Stundenkilometer, die Haut wie der Strahl aus einem Föhn. Genau hier sind in diesem Teil der Welt einst die ersten Eisenbahnen losgerollt: Der Sultan von Johore, einer der ganz reichen Männer der Welt, war bei einem Besuch in England vom damals grassierenden Eisenbahnfieber angesteckt worden und hatte spontan beschlossen, 32 Kilometer Schienenstrang von seiner Hauptstadt gen Norden zu verlegen.

1875 war es so weit: Die erste aus Europa importierte Dampflokomotive setzte sich quietschend und stampfend

↖ *Über weite Strecken rollt der Zug im grünen Malaysia noch durch unbeschädigte Natur.*

↑ *Die Bahnübergänge sind noch ganz von gestern, doch für den Verkehr auf dem Lande reichen sie völlig aus.*

← *Auf dem kleinen thailändischen Bahnhof weht die Flagge des Königreichs.*

in Bewegung und qualmte durch Malaya. Doch der Betrieb währte nicht lange: Zwei Jahre später hatten weiße Ameisen den meisten Wagen und auch den Schienen den Garaus gemacht, der Sultan hatte sie aus einheimischem Hartholz fertigen lassen.

Inzwischen ziehen wir wieder an geradezu aufreizend unbeschädigter Natur vorbei, saftig-grüne Tropenvegetation mit Palmenwäldern und Gummibaum-Plantagen. Doch zuviel Grün macht offenbar müde: Immer mehr von uns verziehen sich aus der frischen Luft in die angrenzende klimatisierte Bar, James Sherwood gehört zu den Ersten.

Ich beschließe, nun endlich meine Kabine in Besitz zu nehmen. Vom letzten Wagen bis zu meinem ganz vorn schüttelt mich der Zug mit kräftigen Schlingerbewegungen mal rechts, mal links gegen die Wand. Die Türen an den Wagenenden schließen nicht selbsttätig, sondern schwergängig; hier entlangzulaufen, hat einen Hauch von Work-out.

Meine Kabine gehört zur Kategorie Standard, das entspricht dem, was in der Luft Economy heißt. Links das Bett, darüber ein zweites zum Ausklappen, der Rest des Raumes ist kaum so breit wie die Liege. Allerdings: Hinter der Tür rechts befinden sich das WC und eine Dusche, in der ich automatisch den Atem anhalte, so eng auf den Körper geklempnert kommt sie mir vor. Doch das erweist sich als Vorzug: So kann man während der Fahrt unter dem Wasserstrahl nicht allzu weit hin- und hergeschleudert werden.

Für Anzüge gibt es einen Schrank, etwa eine Handbreit tief, für Wäsche und Schuhe zwei andere Fächer; meine Hemden und Schlipse stapele ich in dem zierlichen Gepäcknetz, das sonst allenfalls ein kleines Kroko-Attaché tragen könnte. »Vielleicht können Sie mir das obere Bett machen«, sage ich zu Weera; das untere habe ich schließlich mit meinen Gepäckstücken vollgestelllt. »Sehr gut, Sir«, lobt er, im oberen schlafe man sowieso besser, weil man da weiter von den Rädern entfernt sei.

Linke Seite:
↖ Am letzten Abend bezaubert eine thailändische Tänzerin die Passagiere.

← Abendstimmung im rollenden Restaurant: Zum Dinner kommt auch die Weinkarte zu Ehren.

Rechte Seite:
↖ Dieser chinesische Herr bleibt keinem eine Antwort schuldig: Er befragt das alte I Ging-Orakel, um den Passagieren die Zukunft vorherzusagen.

↑ Auch ein kleiner Souvenirshop rollt mit, und verkauft werden die Andenken mit viel charmanter Überzeugungskraft.

⇤ Auch wenn er selbst keinen Alkohol trinkt, kennt sich der Barmann gut aus und mixt erstklassige Cocktails.

← Der Barpianist wechselt mühelos vom Musical zu Mozart.

Im Barwagen klimpert sich ein englischer Entertainer, eine ironische Halbglatze mit mittlerem Klavier-, aber ausdrucksvollem Mienenspiel, durch das »Phantom der Oper«, eigentlich wäre ja »Starlight Express« angebrachter. Kaum hat er die kleine deutsche Kolonie ausgemacht, ändert er das Programm: »Etwas Schumann«, raunt er verschwörerisch, »schnell, bevor die Briten kommen!«, und schon schallt »Die Lotosblume« durch die tropische Nacht, und das in fast akzentfreiem Deutsch.

↑ Romantische Stimmung im nächtlichen Speisewagen: Ein russisches Paar prostet sich zu.

→ Zum Galadinner beim Halt in Kuala Lumpur kommen die Gäste in feiner Abendgarderobe.

Als wir in die Hauptstadt Kuala Lumpur (Lokalidiom: »K.L.«) rollen, ist es rabenschwarze Nacht. Der Zug fährt wie eine Straßenbahn durch die Vororte, an Straßen entlang, unter Alleen mit alten Bäumen hindurch. Der berühmte Bahnhof, mit Zwiebeltürmen und Minaretten erbaut wie ein mittelöstlicher Airport, wird nur einen Augenblick sichtbar; seine Fassaden sind von vorgelagerten Hochstraßen fast völlig verdeckt. Nur wer auf dem Bahnsteig zurückgeht, kann die dramatisch angeleuchtete Zuckerbäcker-Moschee genauer betrachten.

Für den nächsten Morgen wird ein ganz früher Early Morning Tea auf der Aussichtsplattform propagiert: Dann fahre der Zug bei Sonnenaufgang durch einen der schönsten Streckenabschnitte, durch üppigen Regenwald in die Cameron Highlands und über den River Perak. Im Morgengrauen halten wir in Ipoh, einer Stadt, die um die vorletzte Jahrhundertwende die »Stadt der Millionäre« genannt wurde, so viel Zinn wurde hier gefördert.

EASTERN & ORIENTAL EXPRESS
E&O
& ORIENTAL EXPR

↑ *Thailand lächelt: Empfangskommitee in Kanchanaburi.*

↗ *Der River Kwai, weltberühmt durch den Film und den unvergesslichen River-Kwai-Marsch, ist einige Fotos wert.*

→ *Ausflug in Georgetown auf der heißen malaysischen Halbinsel Penang: Dankbar besteigen die Zugfahrer die Rikschas.*

Irgendwo hier verschwand 1967 der bekannte Thai-Silk-Pionier Jim Thompson. Er war aus Bangkok gekommen, auf einer Geschäftsreise, ging zu einem Spaziergang in den Dschungel und verschwand auf Nimmerwiedersehen. Das Rätsel um Thompson, der auch mal zum amerikanischen Geheimdienst gehört hatte, wurde nie gelöst, spekuliert wird darüber noch heute.

Das Hauptthema bei uns an Bord ist der Schlaf der vergangenen Nacht, vielmehr der Mangel daran, den die meisten beklagen – wahrscheinlich sind das all die aus den unteren Betten. Auch jetzt rattert der Zug bebend und rüttelnd so lautstark über das nur im Großen und Ganzen gerade Gleis, dass man sich auf der Plattform kaum verständigen kann. Und wer lange aushält, hat am Ende unvermeidlich schmutzige Hände, denn der Dieselqualm der Lok überzieht alles mit einem leichten Rußfilm.

Doch das Hochgefühl, wie auf einem Kreuzfahrtschiff durch das grüne Meer des Dschungels zu fahren, über die Reling gelehnt und mit wehendem Haar, würde noch ganz andere Unbequemlichkeiten aufwiegen!

Nach Padang Besar, dem Grenzort zwischen Malaysia und Thailand, sind es fünf weitere Stunden. Dort werden die Uhren eine Stunde zurückgestellt, der Zug fährt jetzt auf einem Gleis, das einst von Deutschen gelegt wurde. Wir gehen irgendwo zwischen Kao Pru und Surat Thani zum Abendessen in den Speisewagen, das ist die zweite Sitzung. Die Appelle aus dem Katalog für abendliche Eleganz werden nur annäherungsweise befolgt. Ich zähle zwei Smokings, ein Dinnerjacket, aber auch Herr Sherwood trägt nur einen dunklen Anzug, und so mancher kommt gar im blauen Blazer oder in noch hellerem Outfit.

Der Koch an Bord hat in West und Ost gearbeitet, und das Essen soll die Köstlichkeiten beider Welten miteinander mixen: East meets West. Tatsächlich gehören seine scharf-

süßen Kompositionen, seine Suppen, Saucen, Curries zum Besten, das mir je auf Schienen serviert wurde. Die Gäste sehen glücklich aus, und die thailändischen Kellner sind wunderbar: mehr liebenswert als effizient, aber das ist ja allemal besser als das Gegenteil.

Am nächsten Morgen, dem zweiten im Zug, nähern wir uns unübersehbar der Hauptstadt: Der E & O-Express fährt zwischen gerade öffnenden Garküchen und Müllhalden vorbei, Mütter tragen nackte Kinder auf dem Arm, Rudel von Hunden streunen durch Tempelanlagen, Kinder winken uns während ihres Morgenbades zu. Eisenbahnfahren hat etwas schwer Voyeuristisches: Man fährt den Einwohnern durch ihre Hinterhöfe, die Einsichten in das Leben der Anrainer haben etwas unerlaubt Intimes.

Natürlich stehen wir alle noch mal auf der Aussichtsplattform, als wir in Bangkok einlaufen. Wir inhalieren verliebt die Düfte dieser wohl orientalischsten Stadt des Fernen Ostens, wir blicken auf die Klonks, die Wasserarme mit ihren für uns immer noch pittoresken Häusern und Hausbooten. Der Zug rattert und schlingert; die Frage, ob die englischen Gleise in Malaysia oder die deutschen in Thailand ruhigere Fahrt erlaubten, wird unter den Schlafgestörten immer noch engagiert diskutiert.

Unsere Verspätung auf der Hualamphong Main Station, nach 41 Stunden im Zug, beträgt gerade eine Viertelstunde. Auf dem Bahnsteig stehen die rosa Barmädels, die sich inzwischen umgezogen haben, in wundervolle thailändische Kostüme gehüllt, die Stewards und die Ober. Das Händeschütteln nimmt kein Ende. Zehnmal: »Nice to had you with us!« Zehnmal: »Did you like it on bord?« Zehnmal: »Hope to see you again!« So mancher verdrückt eine Träne und hofft das auch. Es ist wie der Abschied von einem kleinen Kreuzfahrtschiff, einem, auf dem man mindestens eine Woche oder noch länger gewesen war.

Ab und an macht der »Eastern & Oriental" auch Ausflüge abseits seiner Stammstrecke. Hier wird auf der Strecke Nam Tok–Kanchanaburi die Tham Krasae-Holzbrücke bei Wang Pho, direkt in eine Felswand gebaut, befahren.

WO MAN SONST KAUM HINKOMMT

MIT DEM DECCAN ODYSSEY DURCH MAHARASHTRA

↑ *Ein Ständchen zur Begrüßung im Bahnhof von Bhoke.*

→ *Auf dem Bahnsteig in Kolhapur: Musik, Tanz und wunderbare Kostüme in den schönsten Farben Indiens.*

↗ *Zum Start in Mumbai werden die Passagiere mit Blumen bekränzt (links).*

Auf der Strecke durch das Deccan-Hochland macht ein Schlafwagenschaffner eine Pause an frischer Luft (Mitte).

Bei einem Stopp in Pune, wo einst das berühmte Ashram lag, lohnt sich ein Besuch im Raja-Dinkar-Kelkar-Museum (rechts).

Der Bahnhof von Madgoa sieht so aus, wie ich mir eine indische Kleinstadtstation immer schon vorgestellt habe: Kinderreiche Grossfamilien kampieren mit viel Gepäck an den zwei Gleisen, und alle machen den Eindruck, als warteten sie bereits tagelang vergebens. Auch der »Deccan Odyssey«, an seinem dunkelblauen Express-Design ja leicht auszumachen, ist nirgends zu entdecken.

Doch ich sehe offenbar so aus, als könnte ich ein Passagier des berühmten Zuges sein. Ein geschäftiger Schlipsträger (»I Mister Arun«) spricht mich in einem so kehlig kollernden Englisch an, dass ich kaum ein Wort verstehe, immerhin fällt mein Name und der des Zuges: Mister Arun entwindet mir mein Gepäck, bugsiert mich in einen eiskalten Raum (»Special A.C. Lounge«) und kommt nach wenigen Minuten mit einem dicken gelben Blütenkranz wieder, einer »The Deccan Odyssey«-Schirmmütze und etlichen Aufklebern; er ruht nicht, bevor er mir alles umgehängt, aufgesetzt und meinem Koffer aufgepappt hat. Bei ihm bin ich also richtig.

Als ich nach einer halben Stunde mal vor die Tür gucke, ist der Zug bereits da: 31 Wagen lang, blau und ziemlich ungewaschen steht er auf Gleis 2. Arun gibt mein Gepäck einem Träger, der das schwere Teil auf dem Kopf vor mir her balanciert, eine Treppe hoch, dann wieder runter, bis vor den Wagen »Sinhagad«, der in meinem Ticket steht. Zwischen Arun und drei rot uniformierten Zugschaffnern gibt es eine längere Diskussion, sie wollen mich offenbar woanders haben. Tatsächlich marschieren wir elf Wagen weiter: »Wir haben für Sie eine Kabine«, lächeln synchron drei schwarz glänzende Schnurrbärte, »die ist näher an der Bar!« Das leuchtet mir sofort ein.

An meinem Wagen (»Naldurg«) empfängt mich Brahmund (»I your steward«). Er hat gleich hinter der Tür eine kleine Lounge mit zwei Sofas, eiskalten Saunatüchern und lauwarmen Begrüßungslimonaden. Außerdem einen kleinen TV-Schirm: »You want see cricket?« Dann zeigt er mir meine Kabine. Sie gehört in die Abteilung klein, aber reinlich: Auf fünf bis sechs Quadratmetern stehen zwei Betten, dazwischen ein Nachttisch mit einem Telefon, einem Lautsprecher, aus dem es gelegentlich schrecklich krächzt, und der Einstellung für die Klimaanlage, die sich indes absolut nicht regeln lässt.

Am Fußende ragt eine kleine Schreibplatte aus der Wand, auf ihr welken zwei Begrüßungsnelken. Der Schrank, eine Schreibmaschinenseite breit, doch nicht hoch genug, um ein Jackett aufzuhängen, inspiriert mich, weitgehend aus dem Koffer zu leben; hinter einer verspiegelten Tür verbirgt sich das Sanitäre, hübsch gefliest und mit Applikationen aus

CR
SAMVAD

↑ Bahnhof und Stationsgebäude in Kolhapur sind für eine Halb-Millionen-Stadt eher zierlich dimensioniert.

→ Boarding mit Kofferträger in der Victoria Station in Mumbai.

Marmor und Holz. Es gibt viele kleine bunte Fläschchen, die wundervoll exotisch duften und sich für Reinigungen aller Art empfehlen.

Brahmund klopft, es ist Dinner-Time. Es geht erst durch den Barwagen, in dem schon ein paar fröhliche Amerikaner (»Hi, how are you today?«) ihre Füße auf die Tische gelegt haben, dann folgt Restaurantwagen 1, dann 2, danach kommt noch der »Konferenzwagen« (mit Büchern und Business-Center (»Internet sometimes only«). Und schließlich, wohl zum ersten Mal auf einem Zug, ein Spa-Wagen mit einem kleinen Workout-Studio, Steambath, Friseur und Behandlungsräumen; eine dralle Masseurin lächelt breit und sanft. Wir sind in dieser Woche nur knapp 20 Passagiere (außer den Amerikanern sechs Deutsche und zwei Briten), so essen wir alle zusammen in nur einem Restaurantwagen, und der bleibt halb leer.

Die Reise ist wie eine Kreuzfahrt: Morgens kommen wir an, meist begrüßt von Trommeln, Trompeten und Tänzen, dann machen wir, mitunter zu Fuß, meist per Bus einen Ausflug zu den örtlichen Sehenswürdigkeiten, mitunter kommen wir zum Lunch zurück an Bord, fahren noch ein paar Stunden

und verlassen den Zug noch einmal am Abend. In Kolhapur etwa werden uns allen noch vor dem Aussteigen gewaltige orangerote Turbane um den Kopf gewickelt, natürlich nicht aus religiösen Gründen, sondern: »It makes great fun!«, wie unser braver Brahmund lächelt.

In der Tat finden das besonders die Amerikaner »very amusing«, die Digitalkameras laufen heiß, dann kichern wir alle über den Bahnsteig auf die Stadt zu. Vor dem Zug bläst ein Künstler in ein gewaltig geschwungenes heiseres Horn. Der örtliche Tourismuschef hat auf dem abgesperrten Marktplatz kühne Säbeltänzer beiderlei Geschlechts in wunderbaren weißen (die Männer) und roten Kostümen (die Damen) inszeniert, es wird getrommelt, was das Zeug hält, ein immerfort grinsender Verrückter (Fakir? Kopfarbeiter?) wirft eine Kokosnuss zehn Meter hoch und lässt sie auf seiner hohen Stirn zerplatzen. Wir Touristen sitzen auf Plastikstühlen in der ersten Reihe, und die Bevölkerung hinter uns amüsiert sich sichtlich, fast mehr über die kurios westlich gewandeten Gäste als über die Künstler.

Beim Besuch eines Palasts, heute Museum, begegnen wir dem Original-Ex-Maharadscha, der »nur noch das Obergeschoss« bewohnt und uns mit: »Hi, guys, wo kommen Sie denn her?« begrüßt. Unser Führer küsst ihm den Rocksaum, wir machen ein bisschen Small Talk, dann fährt er, in einer Limousine mit Stander, standesgemäß davon. »So was Tolles hatten wir bislang noch nicht!«, begeistert sich das englische, offenbar monarchistische Pärchen. Ich freue mich, weil ich nach drei Tagen Verspätung denke, ich hätte wichtige Höhepunkte bereits versäumt.

Am fünften Tag bringt uns der Zug nach Pune, den Älteren bekannt als Ort des ersten »Ashram«, in dem in den siebziger Jahren der rauschebärtige Bhagwan Shree Rajneesh die betuchteren Hippies der westlichen Welt, inklusive Beatles und einigen anderen Popstars, zur Läuterung empfing. »Davon gibt es heute nichts mehr«, enttäuscht uns unser Guide. Ein modernes Meditationszentrum im Design einer

↖ Im zugeigenen Wellness-Raum bereitet eine Masseurin alles für die nächste Behandlung vor.

↑ Im eigenen Bad ist alles da, was man braucht.

← Kabinen der feinen Art: Die Betten stehen in Fahrtrichtung.

Riesenturnhalle soll angeblich auf den berühmten Ashram zurückgehen. Doch uns fehlt der Meister mit seinen zwei Dutzend Rolls Royces von damals.

Nach Abfahrt des Zuges schleudert es mich auf dem Rückweg in die Kabine hin und her wie auf einem Schiff bei Windstärke sieben, das sind in diesem Land nicht die Gleise, auf denen man bei uns im ICE rollt. In dieser Nacht lässt die verrußte alte Diesellokomotive ihr Horn so unentwegt und hektisch ertönen wie ein Taxifahrer in Bombay seine Hupe. Manchmal bleibt der Zug stehen, dann stößt er einen langen Klagelaut aus wie ein großes angeschossenes Tier. Irgendwann donnert der Gegenzug vorbei und wir fahren weiter. »Wir haben kein Auge zugetan«, klagt das englische Paar beim Frühstück. »Ja, es war ein bisschen bumby«, lächelt der Kellner mitfühlend.

Wir haben noch Aurangabad besucht, dort das sogenannte kleine Tadsch Mahal, und anschließend auch die berühmten Höhlen von Ellora und Ajanta. Mein Lieblingsziel indes ist Nasik, die ziemlich letzte Station vor Bombay, und das nicht nur, weil es auch die indische Hauptstadt des Weins ist: 27 von vierzig indischen Winzerbetrieben befinden sich hier (und man kann ihre Weine inzwischen ja wirklich trinken!).

Linke Seite:
↖ Das Frühstück im Speisewagen liefert die notwendige Stärkung für den heutigen Ausflug.

← Die Mitglieder unserer Küchencrew nehmen ihre Aufgabe sehr ernst – und sie kochen fabelhaft.

Rechte Seite:
↖ Bei der Ankunft in Indiens berühmter Ferienzone entbietet ein Duo aus Goa ein musikalisches Willkommen.

↑ Eine Spezialität der Region auf dem Lunchbuffet des Hotels Taj Garden Retreat.

← Einer unserer liebenswürdigen Kellner kurz vor dem Absprung.

↑ Am Strand von Ganapati kann man indische Ferienromantik genießen.

↗ Noch eine Begrüßung: Diesmal bläst ein Hornist melodramatische Töne.

→ Bei einem Ausflug zu den berühmten heiligen Höhlen- und Felsentempeln von Ellora erfährt man viel über das Weltkulturerbe.

Nasik ist zugleich eine Stadt wie aus dem indischen Bilderbuch, mit heftigem Glockenschall und wunderbaren bunten Bildern: Kinder, die in der kitschigsten Abendsonne lachend im heiligen Fluss Godavari herumschwimmen; Frauen, die mit ungerafften Röcken in den Fluss schreiten und kleine Schiffchen mit brennenden Kerzen zu Wasser lassen; langbärtige alte Männer, die mit knotigen Fingern bescheidene Blumenkreationen basteln. Dazwischen Menschen, die unbekümmert sich selbst oder ihre Wäsche waschen. Das ist das bunte Indien unserer Träume und Sehnsüchte, und wir stehen beeindruckt vor den Hochwassermarken während des Monsuns, die unser Guide uns zeigt: Sie sind so weit oben, dass man es eigentlich kaum glauben kann.

Auf dem örtlichen Markt, direkt am Fluss, finden sich alle Gewürze dieser Welt, Rosinen, Trauben, bislang nie gesehene Gemüse, die Anpreisungen der Marktfrauen klingen wie gesungene Psalmen; unser freundlicher Engländer versorgt eine kleine, bezaubernde und bezaubernd ungewaschene Kindergruppe mit Kugelschreibern. Ansonsten wird, entgegen den Warnungen aller Reiseführer, nicht gebettelt.

Das Essen an Bord bereiten Köche der Taj-Hotels, und die machen es gut, das heißt klassisch. »The Indian Experience« sind mehrere auf den Teller gehäufte Gerichte, Lamm, Huhn, Gemüse, Reis, stets mit reichen Saucen, dazu Dal, der traditionelle Eintopf aus Hülsenfrüchten, dazu Yoghurt, Nachspeisen sowieso. Das ist nach unseren Kriterien kein orthodoxes Feinschmeckermenü, doch es ist wohlschmeckend und, die Amerikaner werden nicht müde, die zu preisen, reichlich. Die westliche Alternative, ein Huhn auf Gemüse, ein Red Snapper oder Sea Bass (Rind und Schwein sind tabu) sieht sehr viel leichter aus (und langweiliger) und ist es auch.

Ein Ärgernis: der enorm überteuerte indische Wein, der im Taj Exotica in Goa nur ein Drittel kostet.

Die fast vierzig Stewards (in Rot) und Kellner (in Blau), viel zu viel für uns, sind freundlich und beflissen; wenn ich zum Essen gehe, geleitet mich Brahmund durch die Waggons: »Das ist doch mein Job!«

Der Zug zickzackt eine Woche durch Maharashtra und führt zu etlichen Zielen, die sich der alleinreisende Einzeltourist wahrscheinlich kaum zumuten würde. Einmal treffen wir italienische Bustouristen, die sieben Stunden gebraucht hatten, um unser Ziel zu erreichen, das für uns eine halbe Stunde von der Bahnstation entfernt liegt. Ein anderes Mal werden wir von zwei bewaffneten Soldaten begleitet, wie käme man wohl sonst zu einer solchen Eskorte? Beim »Farewell-Dinner« fließt der teure indische Wein um einiges großzügiger, und alle sind es zufrieden. Sogar das schlaflose englische Paar ist am Ende glücklich und meint: »So schön hätten wir uns das nicht vorgestellt!«

↑ Das Mausoleum Bibi-ka Maqbara in Aurangabad wurde 1679 als Nachbildung des Taj Mahals errichtet – ein beliebtes Touristenziel.

← Ausflug zum Pilgerort Nashik: Fromme Inderinnen bei ihrem rituellen Bad im Godavari, dem drittgrößten Fluss Indiens.

BILD: JOHANN SCHEIBNER TEXT: BERND SCHILLER

WO DIE LEGENDEN MITREISEN

IN GROSSEN ZÜGEN DURCH INDIEN

↑ Auch das gehört zu einem großen Zug: Toilettenartikel mit zugeigenem Logo.

→ Im Maharadscha-Stil mit viel Rot und Kellnern in weißen Handschuhen – so ähnlich wie hier im »Heritage on Wheels«, der bis vor kurzem durch Rajasthan rollte, geht es auf allen indischen Nostalgiezügen zu.

↗ Authentischer Maharadscha-Stil: der private Audienzsaal Anup Mahal im Junagarh Fort in Bikaner (links).

Der Heritage on Wheels im nächtlichen Bahnhof von Jaipur (Mitte).

Im Innenhof des Junagarh Fort, einem der prachtvollsten Paläste von Rajastan (rechts).

Delhi, Station Safdarjung. In der Kolonialzeit hieß dieser Bahnhof Cantonment, es war der Mittelpunkt des europäischen Viertels, das Herz von Britisch-Indien. Der Nachmittag geht in den Abend über, die Sonne wird gleich untergehen. Ein sanfter Wind hat die Hitze verweht, und vor dem »Palast auf Rädern« zeigen sich die Khadnatgars, die Zugbegleiter, Butler und Boys, in ihren Uniformen, die frisch gebürstet und staubfrei glänzen. Ihre roten und gelben Turbane leuchten. Noch filmen und fotografieren die Passagiere ihren »Palace on Wheels«. Er wird sie für eine Woche in die Wüste entführen, ins märchenhaft verklärte Land der Könige, in ein Rajasthan voller Abenteuer und Geheimnisse, voller Wind, Sand und Träume.

Jeden Mittwoch um 17.45 Uhr zieht eine schwere Dieselmaschine diesen »Palace on Wheels«, die Mutter aller indischen Luxuszüge, aus dem Bahnhof von Neu-Delhi. Längst ist es keine alte Dampflok mehr, wie sie in den ersten Jahren dieses feinen Zuges die Illusion perfekt gemacht hat, durch ein Bilderbuchland zu reisen, in deren alten Städten und Festungen die Fantasie blüht wie sonst nirgendwo auf dem Subkontinent.

Auf den Bahnsteigen aber lebt nach wie vor die Atmosphäre des alten Indiens: Da wird Wäsche gewaschen, geschlafen, gegessen und wohl auch gestorben. Es riecht nach Curry und nach heißem Fett. Und aus schüchterner Distanz schauen die Neugierigen, die Teeverkäufer und die Zeitungsjungen, die Bettler und die Leute in feinen Anzügen auf den Palastzug, der sauber glänzt, sandfarben wie Wüste Thar, durch die diese Bahn in den nächsten Tagen rollen wird.

Die Fahrgäste machen es sich in ihren Abteilen gemütlich, haben sich eben frisch gemacht mit eiskalten Tüchern und nippen nun am ersten Gin, Marke Bombay Saphhire, mit Tonic und sauberem Eis aufgefüllt. Treffpunkt in jedem der 14 Waggons ist ein Saloon, der nach den alten Maharadscha-Provinzen benannt ist: Von Alwar über Bharatpur, Bikaner und Bundi, über Jaisalmer, Jaipur, Jodhpur und Kota bis Udaipur. Einige dieser Residenzen wird der Zug anfahren, die Passagiere werden in Udaipur den »Lake Palace« bewundern, das Hotel, in dem Königin Elizabeth abzusteigen pflegt, wenn sie in der Gegend ist, das aber vor allem durch einen James-Bond-Film weltberühmt geworden ist.

Vom mindestens so bekannten »Palast der Winde« in Jaipur werden manche Zugreisende womöglich eher enttäuscht sein, dafür werden sie an vielen anderen Stellen den erwarteten Prunk Rajasthans bestaunen und vielleicht noch mehr die Szenen des Alltags: den unglaublichen Verkehr vor den Bahnhöfen und auf dem Weg zu den Sehenswürdigkeiten,

das ausgetrocknete Land und die Brunnen oder die Wasserfahrzeuge, vor denen Frauen mit Plastikeimern und irdenen Krügen in langen Schlangen geduldig warten.

Und sie werden sich ihre Erlebnisse abends im Zug erzählen, in der kleinen Bibliothek, in der Lounge oder beim Essen (in zwei Sitzungen), wenn sie gewählt haben zwischen italienischer Hühnersuppe oder indischem Hühnchen mit Kürbis und süßen Kartoffeln. Getafelt wird in nobler Umgebung, Geschirr, Besteck und das Ambiente der Waggons entsprechen der Vorstellung der Fahrgäste, ein bisschen plüschig, die Farben eher grell, mit Wänden, Porzellanen und Stoffen voller floraler und filigraner Motive, aber auch mit Pfauen und Elefanten, eben so, wie es wohl bei Maharadschas einst ausgesehen haben mag.

Aber schon seit Mitte der neunziger Jahre stammen nicht mehr alle Waggons aus den alten Depots der indischen Fürsten. Über den liebevoll und üppig gedeckten Tischen surren auch keine Ventilatoren mehr wie in der alten Zeit. Der Palast auf Rädern ist längst vollklimatisiert, die Velourteppiche in den Abteilen werden alle paar Jahre neu verlegt. Und doch stören weder die vier Musikkanäle noch die perfekt funktionierenden Heiß-und-Kalt-Duschen das Flair von einst. Noch vor gut zehn Jahren gehörten der ehemalige Pilgerwagen des Maharadschas von Udaipur oder der Barwagen aus dem Fuhrpark des Mahararadschas von Bikaner zur Flotte des rollenden Palastes. Heute, so wirbt der »Palace on Wheels« zeitgemäß, sind die Traditionen von damals mit dem Komfort und der Technik unserer Tage »eine charmante Verbindung eingegangen«.

Für die meisten Reisenden strahlt auch der jetzige Zug »mehr als nur einen Hauch von 1001 Nacht aus«. Das jedenfalls sagt Mara, die als eine der wenigen Deutschen unter den 104 Passagieren Rajasthan auf dem königlichen Schienenweg erlebt. Sie ist »überwältigt« vom Service, vor allem aber von der Ausstattung des rollenden Palastes. Sie, die ein Leben

Linke Seite:
↖ Im »Palace on Wheels«: Die Bar umweht ein Hauch von 1001 Nacht.

← Die bunte Pracht des Speisewagens im »Palace on Wheels« verleiht den Speise noch ein besondere Würze.

Rechte Seite:
↖ Letzte Inspektion vor der Abfahrt: Selbst die Fenster sind dem Stil indischer Paläste nachempfunden.

↑ Schlafwagenschaffner Kan Singh bringt den Tee auch ans Bett.

← Bunte indische Gewürze zum Knabbern vor oder nach den Mahlzeiten sollen die Verdauung anregen.

↑ *Ausflug in Bikaner: Die Passagiere des edlen Zuges fahren standesgemäß in der Kutsche.*

↗ *Sogar beim Frühstück wird man von Kellnern in weißen Handschuhen bedient.*

→ *Zur Begrüßung erhalten die Passagiere in Shekavati einen roten Punkt auf die Stirn; das soll nach indischer Überzeugung den Gästen Glück bringen.*

lang an einem Theater gearbeitet hat und stilsicher auf Dekorationen, Stoffe und andere Materialien schaut, schwärmt besonders vom Plafond in ihrer Kabine: »Es waren Künstler am Werk. Unmöglich zu sagen, ob diese Deckenverzierungen Drucke oder handgemalt sind«.

Die Bäder in den Abteilen sind in dezenten Farben gefliest, das cremefarbige Porzellan der Waschbecken und Toiletten dürfte bis heute Maharadscha-Ansprüchen genügen. Mindestens fünfmal am Tag werden neue Fläschchen mit Mineralwasser in die Kabine gestellt; dazu immer wieder blitzeblanke Kristallgläser. Die Betten werden täglich frisch bezogen, und wenn die Passagiere vom Abendessen oder einem Nightcup im Salonwagen in ihr holzvertäfeltes Abteil zurückkehren, finden sie aufgeschlagene Betten vor – Fünf-Sterne-Hotel-Komfort.

Seit 1985 rollt dieser Palast durch die beliebteste Touristenregion Indiens. Und fast immer ist er, vor allem in der klimatisch gemäßigten Saison zwischen November und April, auf Monate hinaus ausgebucht. Für Mara aus Bad Reichenhall ist es unverständlich, dass auf ihrer Reise durch Rajasthan nur eine Handvoll Deutscher an Bord ist. Sie hatte erwartet, dass der feine Zug, der von Reisebüros in aller Welt

gern auch als »Maharadscha-Express« angeboten wird, mehr Landsleute anzieht: »Vielleicht ist die Fahrt für manche Leute zu lang. Für mich jedenfalls war es ein wunderbares Abenteuer fürs Leben.«

Es hat immer mal wieder Versuche gegeben, einen Zug in dieser Region zu etablieren, der kürzer unterwegs ist. Aber vier- oder gar nur dreitägige Schienen-Arrangements blieben ohne Erfolg bei der internationalen Klientel der anspruchsvollen Zugliebhaber. Der »Heritage on Wheels« zum Beispiel wurde 2008 für immer aufs Abstellgleis geschoben. Dafür aber rollt seit dem Frühjahr 2009 ein zweiter Palast auf Rä-

dern durch das Land der Könige, auch wochenweise, noch luxuriöser und doppelt so teuer wie der etablierte.

Die 22 Waggons dieses neuen »Royal Rajasthan on Wheels« wurden im Eisenbahnwerk in Chennai von Spezialisten und den besten Kunsthandwerkern der Region gebaut. Wer auch hier nicht vom Business lassen mag, findet an Bord alle technischen Möglichkeiten, Internet und Konferenzraum inklusive. Auf der Route entlang der alten Residenzstädte Jaipur, Jaisalmer, Jodhpur, Chittaurgur, Udaipur, Bharatpur und Agra kann man sich in einem edel ausgestatteten Wellness-Abteil bei ayurvedischen Massagen entspannen oder im rollenden Fitness-Studio die gewohnten Trainingseinheiten absolvieren.

Solche und ähnlich feine Züge erschließen immer mehr reizvolle Regionen Indiens. So fährt, ebenfalls mit Wellness-Abteil und Gym ausgestattet, seit 2008 der »Golden Chariot«

↑ *Das Heritage-Hotel Gajner Palace in der Shekavati-Region war einst ein Jagdhotel der Maharadschas.*

← *Gang durch einen Schlafwagen: Wo immer Platz war, wurde er verziert, hier mit farbenprächtigen traditionellen Malereien.*

8:58

durch den südlichen Bundesstaat Karnataka, von der High-Tech-Boomtown Bangalore über die Maharadscha-Metropole Mysore zum Wildreservat Kabini, weiter zu berühmten antiken Tempelstätten wie Belur, Halebid, Hampi oder Aihole. Auch Goa liegt an der Zugroute. Die Tour lässt sich also gut mit einem Badeurlaub am Arabischen Meer kombinieren.

Wie beim neueren »Palace on Wheels« verbinden sich auch im »Golden Chariot« das Ambiente einer legendären Vergangenheit mit den Annehmlichkeiten des 21. Jahrhunderts. Die Kabinen sind mit TV-Flachbildschirmen, DVD-Sets und angenehmen Duschbädern eingerichtet. Eines der beiden Restaurants, die auch anspruchsvolle Liebhaber der indischen Feinschmeckerküche zufriedenstellen wollen, ist nach dem König Nala benannt, der ein Gourmet gewesen sein soll, das andere nach Ruchi, einem königlichen Koch, von dessen Künsten bereits das Mahabharata-Epos so schwärmerisch erzählt, dass einem das Wasser im Munde zusammenläuft.

Gedämpftes Licht in der Bar, eine Web-Cam, die eine abwechslungsreiche Landschaft in die Salons überträgt, edle Hölzer an den Wänden, flauschige Teppiche auf dem Boden. Vier Butler umsorgen die Fahrgäste eines jeden Waggons. Es sind sympathische junge Leute, in farbenfrohen Uniformen, aus denen zuweilen Nike- oder Puma-Sneaker herausschauen.

Etwas weiter nördlich rollt der »Deccan Odyssey« mit großem Erfolg durch den Bundesstaat Maharashtra (siehe Seite 148). Seine Route hat ihren Ausgangs- und Endpunkt im wohl betriebsamsten Bahnhof der Welt, dem Victoria Terminus in Bombay. Seit die indische Wirtschaftsmetropole Mumbai genannt werden will, hat auch der Bahnhof einen neuen Namen bekommen: Chhatrapati Shivaji. Jeden Tag steigen hier vier Millionen Menschen in über 1100 Zügen ein und aus. Nach zehn Jahren Bauzeit war er 1888 fertiggestellt worden. Er symbolisierte den Machtanspruch der Kolonialherren. Monumental in ihren Ausmaßen, reich verziert und im Detail verspielt, vereint diese Station, die alle Dimensionen und alle Sinne sprengt und seit 2004 zum Weltkulturerbe der UNESCO gehört, den neugotischen Stil der viktorianischen Zeit mit den klassischen Elementen orientalischer Architektur.

Abenteuer indische Eisenbahn: Es begann am 16. April 1853, als drei Lokomotiven namens »Sultan«, »Sindh« und »Sahib« 14 Waggons aus dem Bahnhof Bori Bunder bei Bombay zogen. Elf Jahre später wurde eine Gleisverbindung zwischen Kalkutta, damals noch Hauptstadt des britischen Indiens, und Delhi, der späteren Kapitale, hergestellt. Die

← Die Victoria Station in Mumbai nimmt täglich drei Millionen Passagiere auf.

↑ Gepäckträger vor der Old Delhi Railway Station: Auch Rollkoffer werden so transportiert.

Indischer Eisenbahn-Alltag: Berufspendler im Vorortverkehr von Mumbai.

Strecken zwischen Delhi und Bombay und zwischen Bombay und Madras, der Metropole des Südens, wuchsen rasch nach. Reisen, die vorher Monate in Anspruch genommen hatten, verkürzten sich auf Tage. Das weckte die Begehrlichkeit der halbwegs unabhängigen Fürsten, der Maharadschas, deren Reichtum genauso legendär war wie ihre exzentrischen Auswüchse.

Zu den skurrilsten Adligen der legendären Zeit gehörte der Maharadscha von Gwalior. Er war, nachdem sein Palast elektrifiziert worden war, vernarrt in das Spiel mit Modelleisenbahnen. 80 Meter Gleise ließ er im Palast legen, die längste Strecke führte von der Küche in den herrschaftlichen Speisesaal. Dieser Minizug brachte seinen illustren Gästen die scharfen Köstlichkeiten vom Herd an den Tisch. Das fanden die so lange amüsant, bis eines Tages ein Zug entgleiste, und die Currysauce ausgerechnet dem Vizekönig von Indien auf den weißen Anzug spritzte.

Heute sind täglich mehr als zehntausend Züge zwischen Jammu Tawi im Himalaya und Kannyakumar am Südkap unterwegs. In ihren Abteilen spielt sich die Fortsetzung des Abenteuers Indien ab, prall und voller unerwarteter Erlebnisse. Es sind vor allem die Begegnungen, die Gespräche mit den neuen Reichen und den alten Heiligen, mit Großfamilien und kleinen Leuten, die das Reisen in diesem Land so spannend machen, im feinen »Konkan Train«, dem schönsten Zug an der Westküste, ebenso wie in den Lokalbahnen, die langsam und mit vielen, nicht immer fahrplanmäßigen Stopps auf freier Strecke durch diesen Kontinent der unglaublichen Kontraste zuckeln.

Nirgendwo auf der Welt reisen mehr Menschen mit der Eisenbahn, täglich sind über zwölf Millionen mit einem Ticket unterwegs. Noch immer hocken jeden Tag zahlreiche Passagiere, um das Fahrgeld zu sparen, auf dem Waggondach oder stehen auf dem Trittbrett, obwohl das lebensgefährlich und mit Strafe bedroht ist. Über 65 000 Kilometer verzweigt sich das Schienengespinst von Indian Railways, nach China das zweitgrößte Netz der Welt. Etwa so viele Angestellte, wie Hamburg oder Wien Einwohner haben,

↖ *Zwei Sikhs auf dem Weg in ihre heilige Stadt Amritsar.*

↑ *Auch in Mumbai ist Geduld von Vorteil, wenn man auf den Zug wartet.*

← *»Nur für Damen« ist dieser Waggon – kein Wunder, dass die drei Inderinnen den Fotografen so abweisend anschauen.*

1,8 Millionen insgesamt, wirken mit, dass dieses gigantische Gebilde funktioniert.

Bahnfans aus aller Welt sind magisch angezogen von solchen Systemen, von der schieren Größe des Schienennetzes, vom Alltag auf den Bahnhöfen und in den Zügen und natürlich von der Geschichte der indischen Eisenbahn samt ihren Anekdoten und Legenden von damals. Und so sorgen sie bis heute dafür, dass kleine Originalzüge aus der alten Zeit, wie die Darjeelingbahn im westlichen Himalaya oder der »Nilgiri Passenger« in den Blauen Bergen von Tamil Nadu, weiter unter Dampf stehen (Seite 166). Und erst recht wird die Fantasie jener Touristen angeheizt, die im Stile der Maharadschas hochkarätig durch dieses ebenso schwierige wie wunderschöne Land fahren wollen.

Wer sich allerdings dem Schienenabenteuer Indien in vollen Zügen – im doppelten Sinne des Wortes – nähern will, muss lokale und regionale Bahnen nutzen. Dort laufen kleine Jungen durch schmuddelige Waggons, bieten laut und drängend »Chaaa, Chaa ...« an, Tee und andere Erfrischungen. Manchmal traut sich sogar ein Schuhputzer ins Abteil der Ersten Klasse. Und manchmal, typisch indisch, sitzt einem ein alter Mann gegenüber, langer weißer Bart, Brille, asketisches Gandhi-Gelehrtengesicht, und stellt einem, fünf Minuten nach Abfahrt des Zuges, die Frage, wo man denn Gott zu finden glaube, vielleicht in dem riesigen Feigenbaum da draußen oder hier, im Fensterrahmen ...? »Und was«, das hat mich ein solch seltsamer Heiliger allen Ernstes mal gefragt, »was wird wohl in ferner Zukunft aus Ihrer Seele ...?«

Der Zug kam übrigens drei Stunden später an als im Fahrplan vorgesehen. Und wir, der Gottsucher und ich, die wir die Ursprünge und den Sinn allen Seins ebenso ausführlich besprochen (hauptsächlich er) wie beschwiegen (ich) hatten, wir haben die Verspätung nicht einmal bemerkt.

BILD: JOHANN SCHEIBNER TEXT: BERND SCHILLER

WO DIE ZEIT RÜCKWÄRTS LÄUFT

UNTER DAMPF IN DIE INDISCHE BERGWELT

↑ *Das Stationsschild in Siliguri zeigt die Farben der indischen Eisenbahn.*

→ *Eine abenteuerliche Aussicht: Der »Nilagiri Express« überquert ein historisches Viadukt.*

Auch für Einheimische ist die Fahrt mit der 100-jährigen Zahnradbahn, dem Nilagiri Express, noch etwas Besonderes (links und Mitte).

Blick in die Landschaft bei Coonoor: Teeplantagen, so weit das Auge reicht (rechts).

Sieben Uhr morgens. Die Tropensonne trocknet die Tautropfen auf den goldgelben Palmwedeln in wenigen Minuten. Im Schritttempo rollt der Nilgiri Express aus Mettupalayam heraus, den Blauen Bergen Südindiens und einer verklärten, längst überlebten Epoche entgegen. Stampfend zuckelt und ruckelt das Nostalgie-Bähnlein auf einer 1000-Millimeter-Spur durch Kokoswälder und Bananenplantagen. Knapp sechzig Passagiere freuen sich auf eine Zeitreise unter Dampf, die es nicht mehr geben würde, wenn nicht die UNESCO im Jahr 2005 auch diesem Zug – wie schon ein paar Jahre zuvor der berühmteren Darjeeling-Bahn im westlichen Himalaya – den Status eines Weltkulturerbes zugebilligt und ihr Überleben damit gesichert hätte.

Affen turnen auf den Gleisen und über die vier Waggons hinweg, tropischer Regenwald löst schon bald die bunten Frangipanibäume des Tieflandes ab. Keuchend schiebt die Maschine, eine von acht Dampfloks der sogenannten X-Klasse, die alle aus der Schweiz stammen, den Zug in die Höhe. Die Fahrgäste, indische Mittelstandsfamilien, Engländer auf der Suche nach der familiären Kolonial-Vergangenheit, Touristen aus aller Welt, Eisenbahnliebhaber die meisten, schauen staunend in die Dschungellandschaft. In den nächsten Stunden vertreten sie sich immer mal wieder auf einem der zehn Bahnhöfe die Beine und fotografieren bei der Wasserversorgung der Lokomotive die Heizer und Helfer an den gewaltigen Füllstutzen, die Teeverkäufer und die Ticketcounter aus der alten Zeit.

Es sind nur wenige Technik-Freaks auf diesem Nostalgie-Trip unterwegs. Kaum jemand will etwas wissen über die Zangenbremsen, keiner zählt die Achsen des Zuges. Der Schienenweg ist hier das Ziel, es sind die atemberaubenden Ausblicke, von denen man gehört und gelesen hat. »Die Reise nach Indien« wurde zum Teil auf dieser Route gedreht, einer der großen Filme, die vor ein paar Jahren die Indien-Sehnsucht im Westen mindestens so nachhaltig angeschoben haben wie hundert Jahre zuvor die Schriften von Rabindranath Tagore oder Hermann Hesse.

Wir waren nach einigem Hin und Her letztlich doch pünktlich um 6.50 Uhr in Mettupalayam abgefahren. Erst war es der Schaffner, der meine Platzkarte – First Class, Seat No. 8, Window – anzweifelte, dann hatte eine Gruppe Italiener, für diese Tageszeit und meinen Geschmack allzu laut, ihr Recht auf vier der längst besetzten, insgesamt nur 16 Erste-Klasse-Sitze angemeldet, darunter auch auf meinen. Fünf Minuten, bevor der Fahrplan in Unordnung geraten wäre, sorgte der Station Master für Aufklärung: Die Tickets der Italiener wären vorgestern, und nur vorgestern,

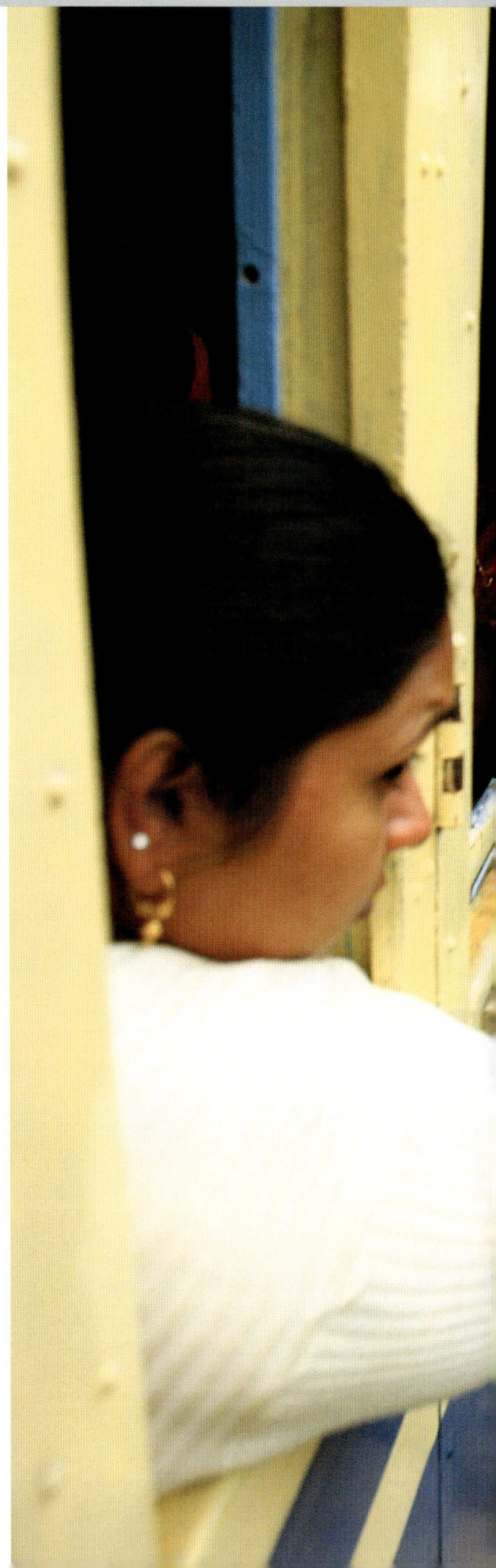

In Udagamandalam muss der Nilagiri Express rückwärts in den Bahnhof einfahren.

gültig gewesen. Gesprächsstoff für die ersten Kilometer, die durch Kakaogärten und Bambushaine führen.

Neben mir sitzt Bill, ein couragierter Taxifahrer aus London, gegenüber seine Frau Cathy, die eine Tasche voller Indienbücher dabei hat, neben ihr ein befreundetes Ehepaar, auch aus London – Peter, ein Professor für Geologie, Sarah, Choreografin in einem Club in Soho. Beide sind langjährige Stammkunden in Bills schwarzem Cab. Schon immer hatten sie Indien sehen wollen, sich aber allein nicht auf den weiten Weg getraut. Bills Großvater hatte sein Leben im Civil Service in Britisch-Indien verbracht, und Bills Geschichten aus den Erinnerungen dieses Großvaters, haben einen so nachhaltigen Eindruck auf die beiden gemacht, dass sie schließlich gemeinsam die Reise nach Indien antraten.

In den drei Wagen der zweiten Klasse sitzen vorwiegend Inder, aber auch ein paar Rucksackreisende aus Europa und Neuseeland. Auf den Bahnhöfen, wenn die Lokomotive Wasser nachfüllen muss, kommt man zuweilen ins Gespräch. Amy, Krankenschwester aus Auckland, hat die zweite Klasse nicht in erster Linie gebucht, weil sie nur fünfzig Cent kostet (für das Ticket in der First Class habe ich, umgerechnet, knapp 3,50 Euro bezahlt …). Sie hatte sich vielmehr von dieser Entscheidung engen Kontakt zu einheimischen Mitreisenden versprochen. Aber, so sagt Amy, »die reden kaum, sie lächeln verlegen und staunen mich unentwegt an, von einer Station zur nächsten«.

In der ersten Klasse fließt der Redefluss dafür umso ergiebiger. Bill erzählt, was ihm sein Großvater erzählt hat, der

Professor und die Tänzerin stoßen von Zeit zu Zeit spitze Rufe des Entzückens aus, etwa wenn die Sonne sich plötzlich durch die Wolken drängt und eine großartige Landschaftsbühne ausleuchtet. Wir sitzen jeweils zu zweit auf einer Bank, die mit Kunststoffmatten belegt ist. Bei Amy im Abteil teilen sich drei bis vier Passagiere eine Reihe. Andere Unterschiede gibt es nicht. Die hölzernen Waggons glänzen alle im selben Blaugelb, das aussieht, als sei es gerade gestern frisch poliert worden. Überall sind die Fenster geöffnet, nirgendwo an Bord gibt es Toiletten.

Ab Kallar, acht Kilometer vom Ausgangsbahnhof entfernt und hundert Meter höher, greift das Zahnstangensystem der Bahn. Seit 1899 bewegt es den Zug in die Höhen der Berglandschaft des Bundesstaates Karnataka. Cathy, die sich bestens vorbereitet hat, liest aus einem Eisenbahnbuch etwas über Niklaus Riggenbach vor. Dieser Elsässer hat das Prinzip der Zahnradbahnen erfunden und zunächst in der Schweiz ausprobiert. Gegen Ende des 19. Jahrhunderts, in der hohen Zeit des britischen Raj in Indien, war er von der Madras Railway Company engagiert worden, um den Nilgiri Express aufs Gleis zu stellen. Über Jahrzehnte, bis zur Unabhängigkeit 1947, brachte der kleine Zug britische Offiziere,

↖ Der Heizer bei der Arbeit: statt Uniform lieber im Buschhemd.

↑ Der Signalmann im Bahnhof von Mettupalayam trägt dagegen den Anzug eines Gentlemans.

← Dampflokomotiven haben immer Durst: Wasserbetankung in Mettupalayam.

METTUPALAYAM
மேட்டுப்பாளையம்
FS
81
ERECTED
1965

Linke Seite:
↖ Die jungen Passagiere des Nilagiri Passenger können sich auf über 200 Kurven und Brücken auf einer Strecke von 46 km freuen.

← Ein Mann, der viel Verantwortung trägt: gestrenger Signalmann auf der Plattform.

Rechte Seite:
↑ Der idyllische Bahnhof von Coonoor liegt auf stolzen 1711 Metern über dem Meeresspiegel.

⇤ Auch ein Kennzeichen der indischen Züge: Überproportional viele Passagiere sind jung.

← Unser Schaffner in Schlips und Kragen hat alles im Griff.

37393

Beamte und ihre Angehörigen während der Monsunmonate zuverlässig in die kühlen Berge, ein halbes Jahrhundert lang nahezu der einzige Zweck dieser Bahnlinie.

Kilometer 13, Adderly, der Filmschauplatz, ist schon längst kein richtiger Bahnhof mehr. Das ehemalige Haus des Station Managers wirkt verfallen. Aber hier muss die Lok zum ersten Mal Wasser nehmen, natürlich ein Fest für die Fotografen. Ich komme mit Kumar ins Gespräch. Der junge Computerspezialist aus Bangalore ist mit seiner hübschen Frau auf Hochzeitsreise. Er amüsiert sich über die Hektik, mit der seine Landsleute und auch die europäischen Touristen den Wasserstopp im Nieselregen mit ihren Handys und Digis festzuhalten versuchen.

Hillgrove, 1175 Meter über dem Meeresspiegel. Hier erinnert eine Tafel an einen Erdrutsch, der 1993 für ein paar Monate den Nilgiri Express gestoppt hatte. 20 000 Kubikmeter Sand und Fels hatten damals einen Teil des Bahnhofs verschüttet, 500 Gleismeter mussten neu verlegt werden. Neben den Schienen drängt jetzt wieder der Urwald bis an den Zug heran. Keuchend quält er sich an Lianen und Baumriesen vorbei, die Gischt zahlreicher Wasserfälle legt sich wie eine Regenhaut über den Dschungel. Drei Kilometer weiter: Runneymede, fast eine halbe Stunde Aufenthalt. Wieder muss Wasser aufgefüllt werden, vier Mal insgesamt bis Coonoor, wo eine Dieselmaschine den Zug übernehmen wird. Kumar, Bill und ich kaufen im Stationsimbiss Tee und Samosas, landestypische Sandwichs, die mit gewürztem Gemüse gefüllt sind. Der »Ooty Train«, wie der »Nilgiri-Passenger« (offiziell) auch oft genannt wird, führt keinen Speisewagen.

Zuckerrohrplantagen, hier und da ein paar Palmen und mächtige Tulpenbäume und immer wieder Ausblicke, die atemlos machen ... was für ein Abenteuer: 208 Kurven, 16 Tunnel, 250 Brücken. 290 Minuten sieht der Fahrplan bergauf vor. Die Talfahrt, bei der die Lok den Zug von vorn ziehen wird, soll über eine Stunde kürzer sein, aber in beide Richtungen sind das nur ungefähre Zeiten. Mal sorgt eine

Linke Seite:
↖ Beim Wasserholen dampft die Lokomotive, was sie kann.

⇤ Unterhaltung für Einheimische und Touristen: der Affendompteur auf dem Bahnsteig in Hillgrow.

← Der mobile Teehändler macht am Zug ein gutes Geschäft, denn Tee ist das Lebenselixier Indiens.

Rechte Seite:
↖ Eine Rangierlokomotive kommt zur Arbeit: Bahnhofsalltag in Darjeeling.

↑ Hier werden die Kohlen noch von Hand aufgeladen.

← Eine Drehscheibe wie bei der Modelleisenbahn kündet von der guten alten Zeit, die wir so lieben.

Die »Darjeeling Himalaya« Railway wird gleich zum höchsten Bahnhof Indiens aufbrechen.

Kuh auf den Gleisen für ein paar Minuten Verspätung, ein anderes Mal muss an der Lok etwas repariert werden. Die Passagiere lieben solche Unterbrechungen.

Der Express nach Ooty ist einer von vier legendären Schmalspurzügen, liebevoll Toy Trains, Spielzeugbahnen, genannt, die noch immer Abenteurer des Schienenstrangs aus allen Himmelsrichtungen nach Indien locken. Die »Darjeeling Himalaya Railway« im fernen Nordosten, auf einer 610-Millimeter-Spur zur Teehauptstadt Darjeeling unterwegs, mag die berühmteste Kleinbahn der Welt sein, aber womöglich auch die unzuverlässigste. Oft verhindern verschüttete Gleise nach heftigem Regen, defekte Lokomotiven, Streiks oder politische Unruhen das Erlebnis fürs Leben.

Immerhin: Wenn der Zug fährt und wenn das Wetter schön ist, schauen die Passagiere von Ghoom, Indiens höchstgelegenem Bahnhof (2258 Meter), auf Indiens Spitze, den Kanchenjunga, gut 8600 Meter hoch. Seit 1881 fasziniert dieser Darjeeling Train die Eisenbahnfans. Bill zum Beispiel, mein Nachbar im Nilgiri Express, war schon da, und als auf »unserem« Schienenweg schon wieder eine magere heilige Kuh die Schrittfahrt für zehn Minuten stoppt, schwärmt er lang und breit von der 360-Grad-Kehre bei Batasia, bevor er sich in den Geschichten über einen weiteren Spielzeugzug verliert, der von Kalka nach Shimla unterwegs ist …

Ach, Shimla, auch so eine legendäre Hill Station, aber oben im Norden, mehr als hundert Tunnel, 24 Brücken, 97 Kilometer von Kalka entfernt … Und dann ist da ja auch noch die »Matheran Railway«, irgendwo zwischen Mumbai und Poona, 280 Kurven …

Über den Blauen Bergen im Dreiländereck von Tamil Nadu, Kerala und Karnataka hängt dichter Nebel. Noch eine Brücke und noch eine, noch ein Tunnel und noch einer, der sechste oder schon der achte …? Die Bremsen müssen gekühlt werden. Alles ist inzwischen heiß gelaufen auf dieser Reise in die Vergangenheit: Bills Schwärmereien, die Anekdoten seines Großvaters, die Sinne der Passagiere. Da kommt der etwas längere Stopp in Connor, 28 Kilometer von Mettupalayam entfernt, gerade recht. Rangiermanöver auf 1843

Meter Höhe. Hin und her bewegt sich die kleine Dampflok. Sie rollt schließlich ins Depot und wird von einer starken Diesellok ersetzt.

Ooty, heute heißt es Udhagamandalam: Ankunft 12.10 Uhr, gerade mal zehn Minuten hinterm Fahrplan. Vielleicht hat es an den Kühen bei Runnymede gelegen oder wo war das noch...? Wir sind nur gut fünf Stunden unterwegs gewesen, und doch war es eine lange, eine weite und eine spannende Reise. Vor dem alten Bahnhof warten ein paar Ambassador-Taxis auf Fahrgäste wie Kumar und seine Braut. Daneben und von den meisten Nostalgie-Reisenden bevorzugt, stehen mindestens fünfzig Scooter, die klassischen dreirädrigen Motorrikschas, die andernorts immer mehr aus dem indischen Verkehr gedrängt werden.

Bill hat mir ein Hotel empfohlen, sozusagen aus dem Nachlass seines Großvaters. Es ist siebzig Jahre älter als der Ooty-Train, hat oft den Namen, aber nie den Stil geändert. Heute heißt es »Savoy« und gehört zur renommierten Taj-Gruppe. Der Speisesaal ist mit Teak getäfelt, der Service der in weiße lange Schürzen gekleideten Kellner makellos. An der dunklen Holzdecke hängen Fans und kleine Kronleuchter, der jüngste Page sorgt dafür, dass das Kaminfeuer nicht einschläft, und aus dezent versteckten Lautsprechern perlt klassische Musik.

Ein letzter Whisky zum Abschied von Bill, Cathy und ihren Freunden. Dann schaue ich in meinem altenglisch eingerichteten Zimmer zu, wie der Hausdiener auch dort den Kamin anheizt. Danach zieht er langsam und würdevoll die Stiluhr auf dem Schreibtisch auf und wünscht mir mit schüchternem Lächeln eine gute Nacht. Unter der Bettdecke liegt eine angenehm temperierte Wärmflasche. Es kann sehr kalt werden in den Blauen Bergen Südindiens.

↖ Auf schmaler Spur: Die Strecke des »Kalka-Shimla-Express« führt über 1400 m in die Höhe.

↑ Der alte britische Name des Bahnhofs erinnert an den ehemaligen Sommersitz der britischen Kolonialregierung. Heute ist Summer Hill ein Vorort von Shimla, der Hauptstadt des Staates.

← In Dharampur gibt es einen Halt auf dem Weg nach Shimla – Zeit für eine Teepause.

BILD: CLEMENS EMMLER TEXT: KLAUS VIEDEBANTT

WO ES FAST NUR GERADEAUS GEHT

MIT DEM INDIAN PACIFIC LÄNGS DURCH AUSTRALIEN

↑ *Beim einzigen Stopp in der Wüste: Lokführer vor ihrer Maschine in Cook.*

→ *Am Abend erreicht der »Indian Pacific« die einstige Goldgräberstadt Kalgoorlie.*

↗ *Durst ist des Australienreisenden schlimmster Feind; zum Glück sorgt der Service im Barbereich effizient für Abhilfe (links).*

In diesem Zug reisen viele Australier – für manchen die beste Möglichkeit, auch mal die andere Hälfte ihres Kontinents kennenzulernen (Mitte).

Das geschnitzte Kunstwerk in der Bar ist eine Reminiszenz an die Zeit der Goldgräber (rechts).

Unvorstellbar! 479 Kilometer ohne die leichteste Krümmung«, Andrew zieht mit dem Messer eine Linie durch die Reisportion auf seinem Teller. »Die längste Eisenbahn-Gerade der Welt. Hier auf unserer Strecke. Das muss ich sehen.« Carol lächelt nachsichtig. »Mein Mann ist verrückt nach technischen Rekorden, insbesondere, was die Eisenbahn angeht. Er war bis zu seiner Pensionierung als Ingenieur tätig.« Als Technik-Vorstand eines großen Unternehmens, wie sich später herausstellt.

Unsere Tischnachbarn haben sich, als wir zum ersten Abendessen im Bordrestaurant des »Indian Pacific« zusammentreffen, als »die Stephensons aus England« vorgestellt. Stephenson, Stephenson? Wir kramen in unseren mangelhaften Kenntnissen der Eisenbahngeschichte. »Sind Sie womöglich mit George Stephenson verwandt?«, wagen wir uns vor (der hatte ja mal die erste brauchbare Lokomotive gebaut). »Nein«, antwortet Andrew, »leider nicht. Verwandt sind wir mit Thomas Stevenson und seiner Familie voller Ingenieure. Pioniere im Leuchtturmbau. Robert Louis Stevenson, der Dichter, war eine Art schwarzes Schaf der Familie. Aber seine *Schatzinsel* habe ich dennoch verschlungen.«

Der Zug zuckelt durch die Ebene, bestrahlt von der Sonne, die sich anschickt, den Fünften Kontinent in Richtung Westen zu verlassen. Wir rollen gen Osten, zur Durchquerung Australiens. Zur Mittagsstunde war es losgegangen in Perth, Westaustraliens Hauptstadt am Indischen Ozean. 4352 Kilometer und 65 Stunden später wollen wir in Sydney am Pazifik wieder aussteigen.

Das Dessert wird aufgetragen: Pavlova. »Baiser, Sahne und Erdbeeren«, erklärt meine aus Melbourne stammende Frau, »eine australische Erfindung«. Offenkundig sitzen keine Mitreisende aus Neuseeland in Hörweite, sie hätten sofort protestiert. Die »Kiwis« reklamieren den kulinarischen Tribut an die russische Tänzerin als ihr Werk.

Der Indian Pacific nähert sich seinem ersten Halt, der Goldgräberstadt Kalgoorlie. Einst wurde hier die reichste Goldader der Welt ausgebeutet, noch heute arbeitet eine profitable Goldmine. Aber der Tourismus sorgt mittlerweile für mehr Arbeitsplätze, auch unser Zug trägt dazu bei. Drei bis vier Stunden rüstet sich der Indian Pacific hier für seine Fahrt durch die Wüste im Inneren Australiens, mehr als genug Zeit für »Whistlestop-Tours«, die der Zugbetreiber Great Southern Railways bei allen touristisch interessanten Stopps anbietet.

»Was gibt's denn hier zu sehen?«, fragte Carol. Nachts nicht gar zu viel, müssen wir eingestehen – Australiens ältestes aktives Bordell in Kalgoorlie verschweigen wir ihr. Wir selbst gehen auf einen Drink ins Palace Hotel, ein

HANNAN'S

INDIAN
PACIFIC

LIFTED 11-94

prachtvolles Pub aus den Tagen, da Goldsucher in »Kal« Vermögen machten und verjubelten. Ein Nightcup, dann geht es zurück in unser Schlummerstübchen. Diese Station soll der Namenspate für unsere Kabinenkategorie gewesen sein: »Gold Service«. Der Steward hatte aus den Sitzen inzwischen ein Bett gebaut und das zweite, das Hochbett, aus der Wand gekippt. Die Kabine ist praktisch und, so weit möglich auf dem engen Raum (mit kleinem Dusch- und Toilettenkabinett), dank der über die ganze Längsseite gestreckten Sitzbank, auch komfortabel. Für die Kabinen-Trennwand, auf die wir blicken, gäbe es aber wohl elegantere Lösungen.

Früher etikettierte die Bahngesellschaft ihren »Gold Service« als Luxus, heute trägt allein das doppelt so große »De-luxe-Abteil« diesen Titel. Richtig funkeln kann die Bahn aber nur mit ihren – modernisierten – historischen Spezialwaggons, die lediglich »am Stück« vermietet und angekoppelt werden. »The Prince of Wales Car« beispielsweise, der Wagen bietet bis zu zehn Personen eine Suite, vier Einzelkabinen, ein großes Bad, eine Küche und eine Lounge. Die Miete ist deutlich fünfstellig.

Und das andere Ende des Zuges? Der Red Service bietet Schlafkabinen oder preiswerte Schlafsitze und ansonsten ein Angebot (Kantinenwagen und Lounge), das vornehmlich Backpackern und abgehärteten Travellern zu empfehlen ist. Great Southern Railways hat immerhin Umbauten angekündigt. Von neuen Speisekarten war nicht die Rede. »Ich kaufe bei den Zwischenstopps was Leckeres zum Futtern, das ist besser und billiger«, verrät Betty am Bahnsteig von Kalgoorlie. Sie ist Red Service-Stammgast, sie arbeitet in Sydney, ihre Familie aber wohnt in Perth. Aus Flugangst mag sie nicht in die Luft gehen.

Im Restaurantwagen der Gold Class schmeckt das – im Fahrpreis inbegriffene – Essen, und der Service ist typisch australisch: nicht immer klassisch-perfekt, aber unkompli-

Linke Seite:
↖ Der Speisewagen des Indian Pacific: Hier wird gerade zum Frühstück eingedeckt.

← Unser Steward ist auch bei größter Hitze durch nichts aus der Ruhe zu bringen.

Rechte Seite:
↖ Man sieht es: Das Dinner mundet, es schmeckt der Wein.

↑ Ein ruhiges Plätzchen zur Lektüre findet sich im Loungewagen allemal.

← Ein Blick in die scheinbar unendliche Nullarbor-Wüste kann melancholisch machen.

↑ *Besonderer Luxus: Die Erster-Klasse-Passagiere genießen ein eigenes Bad.*

↗ *Seine rote Farbe erhält der Wüstensand in den australischen Outbacks durch Eisenoxyd.*

→ *Diana Paola und John Creedon führen ihre wohlschmeckenden Kreationen vor.*

ziert herzlich. Das viktorianisch anmutende Dekor passt gut in einen traditionsreichen Transkontinentalzug. Schade nur, dass die neuen Besitzer, ein britischer Konzern, den schönen Namen »Queen Adelaide Restaurant Car« abgeschafft haben. Doch was an solider, gehobener Kost auf den Tisch kommt, abends als Hauptgerichte beispielsweise Entenbrust, Lamm, Fisch oder Vegetarisches, ist erfreulich; auch das Frühstück, die Stevensons loben auch das »Aussie Breakkie«, wie es der Steward im Down-Under-Slang nennt. »Eigentlich ist es ja ein English Breakfast«, kommentiert Andrew Stevenson, »aber gerade wir Briten sollten hier vielleicht nicht ans koloniale Erbe erinnern.«

Die historische Rückblende wird jäh unterbrochen, weil ein paar Tische weiter vier Italiener endlich Kängurus entdeckt haben, die ersten dieses Trips. Ansonsten macht sich die heimische Fauna bis auf einen Emu rar. Die nächsten paar 100 Kilometer versprechen auch kein besseres Angebot, denn nun geht es in die Nullarbor-Wüste, die, wie ihr lateinischer Name »Kein Baum« verrät, der Flora bis auf ein paar kniehohen Büschen keine Chance gibt. Selbst Beuteltiere können sich wohl wirtlichere Gegenden vorstellen.In dieser Öde gehen wir nun auf Rekordkurs. Wobei weniger die Geschwindig-

keit gemeint ist, denn der Indian Pacific bringt es nur auf ein Durchschnittstempo von 85 Stundenkilometer. Rekordsicher ist hingegen die längste Schienengerade der Welt, »the long straight«, wie der Bordlautsprecher ankündigt. Andrew holt seine Kamera. Nicht dass beiderseits des 479 Kilometer langen kurvenlosen Gleises mehr zu sehen wäre als die baumlose Kalksteinebene. Aber in Cook hält der Zug mitten in der Nullarbor. Der richtige Moment für die Fotoserie: endloser Schienenstrang und Indian Pacific im Nichts.

»Nichts« ist übertrieben, Cook ist immerhin noch eine Geistersiedlung. 1917 entstand das Nest während des Baus

der transkontinentalen Eisenbahn, ohne die West Australia nie dem Bundesstaat Australien beigetreten wäre. Heute lebt in Cook bestenfalls eine Handvoll Menschen. Immer wenn der Zug hält, um Diesel zu bunkern, bringt er auch die Post und die bestellten Lebensmittel. Selbst bei nächtlichem Halt macht dann der kleine Laden auf, wer will von hier schon weiterfahren ohne ein Souvenir? Einmal im Jahr, im Dezember, sammeln sich sogar alle, die im Umkreis von 200 bis 300 Kilometern leben. Dann hat der Indian Pacific auf seiner Outback Christmas Journey prominente Künstler an Bord, die fernab der Zivilisation musikalische Präsente darbieten. Ansonsten sorgt nur noch der Wind für Bewegung in Cook, und an das einstige Krankenhaus erinnert lediglich die Aufschrift auf einem rostenden Blechkasten: »Unser Hospital braucht deine Hilfe. Werde krank!«

Längst ist der Indian Pacific wieder in Fahrt, diesmal mit 115 Kilometer pro Stunde: Höchstgeschwindigkeit für die Dieselloks der NR-Baureihe, die je 132 Tonnen schwer sind. Das zweite Abendessen liegt hinter uns, einschließlich des Eingeständnisses der weinseligen Amerikaner vom Nachbartisch, dass ein südaustralischer Shiraz einem kalifornischen Tropfen durchaus ebenbürtig sein kann. Fast alle versammeln sich im Lounge-Wagen, hatten doch die Italiener verraten, dass einer der ihren ein ausgebildeter Tenor sei. Er wolle zum Abschied – die fröhlichen Römer legten in Adelaide einen zweitägigen

↑ *Zeit für ein Schwätzchen: der Lokführer mit einem Bahnmitarbeiter in Adelaide.*

↑ *Die Nullarbor Plain ist schier endlos, flach und baumlos.*

Zwischenaufenthalt ein – die netten Mitreisenden mit einem Dankesständchen erfreuen. Rossini, feinstes Belcanto. Ob Signore wusste, dass der Schöpfer des »Barbier von Sevilla« eine Abneigung gegen die Eisenbahn hegte?

Die letzte große Etappe, 24 Stunden von Adelaide bis Sydney. Weniger Wüste, dafür mehr Kängurus. Und auch die Keilschwanzadler, die Wappentiere des Indian Pacific, ziehen in größerer Zahl ihre Kreise. Nur noch ein Stopp, nachmittags in Broken Hill. Eine Stadt, die den Erzen im Boden ringsum ihre Existenz verdankt. Das größte Blei- und Zinklager der Welt wird immer noch abgebaut. Aber die Outback-Kommune hat sich auch einen zweiten Erwerbszweig zugelegt: die Kunst. Hier entstand die Schule der Outback-Maler, sie zog seither viele Künstler in die kleine Stadt – eine Entwicklung, die auch dem Tourismus guttat. Zwei Stunden Aufenthalt erlauben eine Schnuppertour durch Ateliers und Galerien. Dann dröhnt das Horn der beiden blaugelben Loks, der silberne Lindwurm rollt an zu den letzten 1100 Kilometern bis Sydney. Zur Frühstückszeit hat der Indian Pacific bereits die Höhen der Blue Mountains erklommen. In den kleinen Orten machen sich die Einwohner auf zur Fahrt an ihre Arbeitsplätze in der Vier-Millionen-Metropole Sydney. Ihre Hochhaus-Silhouette war von Zeit zu Zeit zu sehen gewesen zwischen den Eukalyptuswäldern. Auch der Pazifik blitzt in der Ferne kurz auf, Reflektionen der aufsteigenden Sonne.

Drei Stunden später kündigt der 75 Meter hohe neogotische Bahnhofsturm Sydneys Central Station an. Abschied vom Indian Pacific, Abschied auch von Carol und Andrew. Würden sie, die Nachfahren der Lighthouse-Stevensons, in Sydney Australiens ältesten Leuchtturm besuchen? »Nein, keine Zeit«, antwortet Andrew. »Wir fliegen bereits übermorgen nach Adelaide und fahren von dort mit dem Ghan nach Darwin. Schließlich ist Australien der einzige Kontinent, den man nicht nur von West nach Ost, sondern auch von Süd nach Nord auf Gleisen durchqueren kann.«

Linke Seite:
↖ Der Indian Pacific auf dem Weg durch die Blue Mountains, dem riesigen Biotop für Eukalyptusbäume.

← Auf dem Weg nach Sydney, kurz vor Broken Hill: Kaum vorstellbar, dass hier in den Outbacks irgendwo Menschen wohnen.

Rechte Seite:
↖ Cook ist der einzige Stopp für den Indian Pacific auf dem Weg durch die Nullarbor-Wüste. Eine Geisterstadt, in der nur noch eine Handvoll Menschen lebt.

↑ Vor dem historischen Gefängnis von Cook posiert das Pächterehepaar für ein Erinnerungsfoto.

← Nach 65 Stunden ist der Bahnhof Northbridge in Perth, West-Australien, erreicht. Hier hat der Reisende weitere Anschlussmöglichkeiten.

BILD: CLEMENS EMMLER TEXT: KLAUS VIEDEBANTT

WO KAMELE DIE SPUR LEGTEN

MIT DEM GHAN QUER DURCH AUSTRALIEN

↑ Das Logo des »Ghan« erinnert an die Kamelwege, denen seine Strecke folgt.

→ Der Ghan in voller Fahrt, nördlich von Alice Springs.

↗ Die Speisenkarte hat Format. Heute: das »Spencer Gulf Breakfast« (links).

In freudiger Erwartung des Frühstücks (Mitte).

Die Zugbegleiter in Alice Springs warten auf die Passagiere (rechts).

Australiens rotes Outback war tiefschwarz. Kein Licht erhellte die Einsamkeit, der Mond verbarg sich hinter einer dichten Wolkendecke. Der »Ghan« zog auf seiner stählernen Spur nach Norden. Port Augusta lag weit hinter uns, Alice Springs weit vor uns. Im Loungewagen schaltete der Barmann einige der Lichter aus. »Gentlemen, darf es noch etwas sein? Wir schließen die Bar um halb elf.« Danke, die noch verbliebenen drei Passagiere verwiesen auf ihre gefüllten Gläser. 15 Minuten später rasselte das Gitter auf den Tresen.

Eine halbe Stunde später geht das Licht in der Bar wieder an. Der Bartender und einer der Schaffner schnappen sich je eine Büchse Bier und nehmen Platz auf den Barhockern. Mit Australiern kommt man mühelos ins Gespräch, schon bald erzählen sie uns Stories von unterwegs. Etwa von dem Mann aus Wagga Wagga, der nachts durch den Zug strich, um Country Songs zu schmettern – »nur mit seiner Gitarre bekleidet«. Oder von den Passagieren aus dem Orient, die es nach gebratenem Hammel gelüstete – sie entzündeten im Gang ein Lagerfeuer. Schließlich war da noch das junge Paar, das in der Dusche der Touristenklasse beim Liebesspiel versehentlich den Heißwasserhebel umlegte – »er konnte auf der ganzen Reise nicht mehr sitzen«. Zugmannsgarn? Wer weiß. Unterhaltsam war es auf jeden Fall.

Wir wollen beiden einen Drink spendieren. »Sorry, das geht leider nicht. Wir dürfen nichts mehr ausschenken.« Beide schauen sich kurz an: »Aber wir können euch einen ausgeben.« So geschieht es, und es bleibt nicht bei dieser einen Runde. Wir erhöhen einfach unsere Tips, für Trinkgeld gibt es schließlich keine Sperrstunde. So geschehen zu Zeiten, da die Bahn noch im Staatsbesitz war und die Zugteile noch nach Gold Kangoroo und Red Kangoroo unterschieden waren, nach erster Klasse und nach Touristenklasse. Mit dem Einzug der Privatwirtschaft verschwanden Australiens Wappentiere aus den Katalogen, nun ist nur noch von Gold und Red die Rede.

Den heutigen Passagieren, überwiegend Touristen, ist es wahrscheinlich egal, so sie nur wirkliche Kängurus sehen. Das gilt zu unserer Überraschung auch für das Paar, mit dem wir beim Frühstück beisammensitzen, Norma und Ken aus Sydney. »Wir haben die Hopper nur im Zoo gesehen, wir wohnen mitten in der Stadt«, erzählen sie. Jetzt, frisch pensioniert, wollen sie das Outback erkunden, das wilde Landesinnere Australiens. Für die meisten Aussies – sie leben in der am stärksten verstädterten Nation der Welt – ist das rote Herz ihres Kontinents nur ein Mythos.

THE GHAN
Spencer Gulf Breakfast
Alice Springs ~ Adelaide
Fruit Juices

GHA

THE GHAN
THE GHAN

Der Ghan kurvt durchs Outback, hier nördlich von Adelaide, nach Port Augusta.

Von Rot kann auf unserer Reise draußen nicht die Rede sein. Das grüne, fruchtbare Land, das uns nach dem Start in Adelaide bis Sonnenuntergang begleitet hatte, ist nur noch Erinnerung. Nun zeigt sich die sonnenverdörrte Landschaft eher grau, unterbrochen von im Wortsinn blendenden weißen Salzseen. Hin und wieder Büsche, bisweilen sogar niedrige Bäume. Tiere lassen sich in der flirrenden Hitze nicht sehen. Ein guter Anlass für Norma und Ken, ihre Reisekarte auszubreiten: »Am Zugende ist unser Auto aufgeladen. In Alice Springs steigen wir um. Wir fahren auf dem Stuart Highway nach Darwin und von da aus auf dem Highway 1 zurück nach Sydney.«

Im Lounge-Wagen lauscht eine kleine Schweizer Reisegruppe gerade dem Minivortrag ihres Führers in Sachen Ghan: »1878 begann der Bau der Eisenbahn durch die Wüste, anfangs entlang der Route, die die ersten weißen Entdecker genommen hatten. 1891 war Oodnadatta erreicht. Dort hieß es: Umsteigen auf Kamel-Karawanen. Erst 1929 erreichten die Gleise Alice Springs, die Stadt in der Mitte Australiens.« Norma wispert: »Mein Urgroßvater war damit unterwegs, tagelang. Aber manchmal, wenn eine plötzliche Flut die Trasse wegriss, saßen sie auch zwei, drei Wochen fest.« Ken ergänzt: »Dann griffen die Lokführer zur Flinte und schossen Kängurus oder wilde Ziegen, damit keiner verhungerte.« Kurze Pause, dann fragt Norma skeptisch: »Ob die das heute noch könnten?«

Vielleicht. Bei dem Lokführer, mit dem ich ein paar Jahre zuvor für einige Stunden auf der Lok mitfuhr, hätte ich keine Zweifel. Als ich ihn fragte, was er bei einer technischen Panne mitten in der Wüste mache, grinste er vergnügt und

holte aus einem Schränkchen einen Jutesack hervor. »Dann warte ich auf die Hilfslok und gehe so lange Schlangen fangen.« Giftschlangen? »Ja, besonders die.« Und was macht er mit der gefährlichen Fracht im Sack? »Ich habe zu Hause Herbarien.« »Wer aber füttert denn die schlängelnden Mitbewohner?« »Meine Frau.« »Hat die denn keine Angst?« »Die hat vor nichts Angst. Die ist Deutsche.«

Pardon, zurück zur Historie: 1980 wurde eine neue Trasse weiter westlich angelegt, einigermaßen flutsicher und mit Betonschwellen gegen die Gier der Termiten. Doch die von Anfang an geplante Verlängerung nach Darwin ließ weiter auf sich warten. Erst 2001 begannen diese Arbeiten, 2004 war die Süd-Nord-Route von Küste zu Küste fertig. Der Ghan, benannt nach den afghanischen Kameltreibern, die einst auf dieser Route unterwegs waren, erreichte auf seiner umjubelten Jungfernfahrt mit vielen Stopps nach 2979 Kilometern sein Ziel. Heute dauert die Fahrt gut 53 Stunden.

Lunch time. Und draußen viel Landschaft. Sie hat inzwischen das für Australien charakteristische Rot angenommen. In der sonst meist flachen Szenerie tauchen einige Berge auf, Vorboten der MacDonnell Ranges. Ein schmaler Durchlass erlaubte es, Gleise durch die Bergkette zu legen, der Ghan schlängelt sich in die Stadt am Fuß der Berge: Alice Springs Station. Im kleinen Bahnhof werden die Dieselaggregate abgestellt, der Zug rastet für gut vier Stunden an diesem touristischen Höhepunkt. Die meisten fotografieren die vordere der beiden Loks, bemalt im Stil der Aborigines. Die Fans notieren: NR 52, Leistung 3000 Kilowatt.

In der Abendsonne geht unser Zug wieder auf Nordkurs. Schnell noch ein Blick in den Spiegel der Wasch-, Dusch- und Toilettenzelle, der Magen knurrt schon wieder. Auf dem Weg

↖ In Alice Springs wird der Ghan mit einer Glocke angekündigt.

↑ Der Mann mit der Passagierliste: damit auch kein Passagier verloren geht.

← Im Old Ghan Heritage Railway Museum von Alice Springs kann man noch eine Commenwealth-Railways-Diesellokomotove der NSU-Klasse bestaunen.

Linke Seite:
↑ In der Zugküche: Der Küchenchef im Hintergrund, der Guest Relation Manager versucht sich als Kellner.

→ Das Dinner lässt noch auf sich warten, doch ein australischer Shiraz verbreitet bereits gute Laune.

↱ Beste Stimmung auch in der Bar, denn dort fließt der gute australische Sekt in Strömen.

↳ So sieht der Platinum-Service an Bord aus, die Kabine der Luxusklasse.

Rechte Seite:
↗ Entspannte Mienen schon beim Frühstück.

→ Sektlaune in kurzen Hosen: Service Manager Garey Salter erläutert das Programm.

↑ *Eine unserer netten Zugbegleiterinnen.*

↗ *Ankunft in Darwin an der Nordküste: Diese Passagiere haben ihr Ziel erreicht und können sich auf Ausflüge in den Kakadu-Nationalpark freuen.*

→ *Eine Kanutour im Nitmiluk National Park südlich von Darwin gehört ebenfalls zu den australischen Outdoor-Freuden.*

zum Dinner schlängeln wir uns durch den Schlafwagen mit den Einzelabteilen. Der Weg durch den Mittelgang wirkt, als habe ihn der Waggonbauer im Vollrausch geschaffen. Weil die Kabinen – im Gegensatz zu den Doppelkabinen – längst zur Fahrtrichtung eingebaut sind, braucht jede für den Waschtisch eine kleine Ausbuchtung in die Wagenmitte (Duschen und Toiletten sind am Wagenende). So entstand der Schlangenpfad.

Im Restaurant empfängt uns nicht nur das inzwischen vertraute gemäßigt viktorianische Ambiente, sondern auch der feinherbe Duft von trockenem Sherry, die britische Mehrheit an Bord dominiert die Aperitif-Orders. Die beiden Russen lassen sich, nein, keinen Wodka, sie lassen sich zwei Martinis bringen. Aber die meisten machen es wie die Schweizer, sie bestellen Wein. Wir greifen erst einmal zur Speisenkarte: Zwei Vorspeisen, vier Hauptgerichte und zwei Desserts stellt das »Davenport Range Dinner« zur Auswahl. Unsere Wahl fällt auf Jakobsmuschel, Calamares und Nudelsalat als Appetitmacher und als Nachspeise die Weichbaiser-Kuchen mit Mango und Sirup aus den uns bis dato unbekannten »einheimischen Blut-Limetten«. Nur beim

Hauptgang teilen sich unsere kulinarischen Wege: »Einmal bitte Kingfisch mit grünen Muscheln und einmal Känguru-Filet in Portweinsauce«.

Am Nachbartisch unterhalten sich zwei britische Damen. Sie befürchten, eine schlafarme Nacht vor sich zu haben. »Dieses Gerüttel und Geschüttel. Obwohl der Zug so langsam

Für manchen die letzte Impression der Tour: der Pier von Darwin bei Nacht.

fährt.« »Wie im Indian Pacific«, ergänzte die andere. »Und dann die kleinen Kabinen mit den Betten übereinander. Wahrer Luxus ist das nicht.« Der Stewart, der die Vorspeise servierte, hatte die Kritik gehört: »Kennen Sie denn unsere neue Ghan Platinum Class? Fünf Wagen werden umgebaut mit doppelt so großen Kabinen und 24-Stunden-Service.« »Und wo sind die Wagen?«, fragen die Damen. Der Stewart zuckt leicht die Schultern: »Jetzt in der Hauptsaison, meist von Ende November bis Ende Februar, ist der Ghan ohne die Platin-Wagen unterwegs. Die Waggons rollen im Moment für den Southern Spirit, für unsere neuen Schienen-Kreuzfahrten durch ganz Australien.«

Zeit für einen Absacker im Lounge-Wagen mit seinen bequemen Polstersitzgruppen. Dort nippen bereits die Schweizer an ihren Digestifs, Whiskys, Brandys und Longdrinks. Ihr Guide informiert seine kleine Schar: »Morgen früh sind wir für vier Stunden in Katherine und machen eine Bootsfahrt in der berühmten Schlucht. Genau genommen besteht die Katherine Gorge aus 13 Schluchten, die wir aber nicht alle sehen werden.« Er nimmt einen Schluck Bier und fährt fort: »Der Nationalpark, Nitmiluk genannt, gehört den Aborigines. Deshalb wird unser Führer auch einer der Ureinwohner sein. Die kennen jeden Stein und wenn Krokodile da sind, entdecken die sie bestimmt.«

Es hat geklappt mit den Crocs; so finden sich zum Mittagessen auch hochzufriedene Ausflügler wieder ein im rollenden Restaurant. Noch gut vier Stunden liegen vor uns bis zur Küste. Wieder hat sich das Bild des Kontinents gewandelt, wucherndes Grün allenthalben im feucht-heißen Norden. In Darwins neuem Bahnhof rollen die zwei Loks mit ihrer fast 700 Meter langen Wagenkette aus. Der Sonnenball hat sich zwar schon hinter dem Horizont versenkt, färbt aber das Firmament in Neonrot. Willkommen in der Tropennacht.

Informationen, Kontakte, Buchungsmöglichkeiten

ANDEAN EXPLORER, PERU
siehe Hiram Bingham

BLUE TRAIN, SÜDAFRIKA
www.luxurytrains.co.za/
oder
Reisebüro Eilts GbR, Nostalgiereisen
Donaustraße 17, 26506 Norden
Tel.: 04931 / 93 60 10
Fax: 04931 / 93 60 13
info@nostalgiereisen.de
www.nostalgiereisen.de

THE CANADIAN, KANADA
www.viarail.ca
VIA Rail Canada
Access to Information and Privacy Acts
3 Place Ville Marie, Suite 500
Montreal, Quebec, H3B 2C9
Tel.: 001 / 888 842 7733
oder
Canada Reise Dienst
CRD INTERNATIONAL GmbH
im Stilwerk Hamburg, Große Elbstraße 68, 22767 Hamburg
Tel.: 040 / 300 616 0
Fax: 040 / 300 616 55
info@crd.de

CHEPE
siehe Copper Canyon Train

COASTAL CLASSIC TRAIN, ALASKA
www.alaskarailroad.com/travel-planning
www.alaskatrain.com/routes/coastal-classic.html
Alaska Railroad.com
P.O. Box 107500
Anchorage, Alaska 99510-7500

COPPER CANYON TRAIN, MEXICO
www.chepe.com.mx/index.html
Buchungen in Deutschland:
Native Trails GmbH & Co. KG
Olaf Michael Bock von Gersum
Stadastraße 5, 61179 Florstadt
Tel.: 06041 / 969 00 0
Fax: 06041 / 969 00 196
germany@nativetrails.de
www.nativetrails.de

DECCAN ODYSSEY, INDIEN
www.deccan-odyssey-india.com
Buchungen in Deutschland:
City Reisebüro – Udo Hell Gmbh
Rathausstraße 24, 66914 Waldmohr
Tel.: 06373 / 811 723
Fax: 06373 / 811 799
www.bahnurlaub.de
info@bahnurlaub.de
oder
www.lernidee.de, unter »Bahnreisen«
Lernidee Erlebnisreisen GmbH
Kurfürstenstraße 112, 10787 Berlin
Tel.: 030 / 786 00 00
team@lernidee.de

weitere Infos für Luxuszüge in Indien:
www.thegoldenchariot.co.in
www.roayalrajasthanonwheels.com
Allgemein:
www.indianrail.gov.in
www.railtourismindia.com
www.indiarailtours.com/luxury-trains.html

Indien-Veranstalter mit Eisenbahn-Programmen:
Comtour, Corneliusstraße 2,
45219 Essen-Kettwig
Tel.: 02054 / 95 470
www.comtour.de
oder
Enchanting India, Sonnenstraße 26b,
85622 Feldkirchen
Tel.: 089 / 28 97 88 40
www.enchanting-india.de
kontakt@enchanting-india.de
oder
Lotus Travel Service GmbH
Baaderstraße 3, 80469 München
Tel.: 089 / 20 20 89 90
www.Lotus-Travel.com
info@lotus-travel.com
oder
Tischler-Reisen, Partnachstraße 50,
82467 Garmisch-Partenkirchen
Tel.: 08821 / 93 17 0
www.tischler-reisen.de

EASTERN & ORIENTAL EXPRESS, MALAYSIA
www.lernidee.de, unter »Bahnreisen«
siehe Deccan Odyssey, Indien

GHAN, AUSTRALIEN
www.gsr.com.au
(Die Muttergesellschaft für die Züge Ghan und Indian Pacific)
www.railaustralia.com.au (Marketingzusammenschluss der Firmen, die »Down Under« große Bahnstrecken betreiben; Informationen über preiswerte Bahnpässe)
RailAustralia-Vertretung in Deutschland:
hm touristik GmbH & Co. KG,
Livry-Gargan-Straße 10,
82256 Fürstenfeldbruck
Tel.: 089 / 339 808 70
Fax: 089 / 339 808 71
info@hm-touristik.com
www.hm-touristik.de

GLACIER EXPRESS, SCHWEIZ
www.glacierexpress.ch
Matterhorn Gotthard Bahn
Bahnhofplatz 7, CH–3900 Brig
Tel.: 0041 / (0) 848 642 442
Fax: 0041 / (0) 27 927 77 79
info@mgbahn.ch
Buchungen in Deutschland:
www.glacier-express.de
City Reisebüro – Udo Hell GmbH
siehe Deccan Odyssey, Indien

HIRAM BINGHAM, PERU
www.perurail.com
www.perurail.com/trains/andean-explorer/
www.artoftravel.de/hiram-bingham-zugreisen
art of travel GmbH, Tal 26,
80331 München
Tel.: 089 / 211 076 0
Fax: 089 / 211 076 21
info@artoftravel.de

INDIAN PACIFIC EXPRESS, AUSTRALIEN
siehe Ghan

PALACE ON WHEELS, INDIEN
www.indialuxurytrains4u.com
www.theluxurytrains.com

ROVOS RAIL, SÜDAFRIKA
Rovos Rail Head Office, P.O. Box 2837,
Pretoria 0001, Gauteng South Africa
Tel.: 0027 / 12 31 58 242
Fax: 0027 / 12 32 38 320
www.rovos.com
reservations@rovos.co.za
Buchungen in Deutschland:
www.lernidee.de, unter »Bahnreisen«
siehe Deccan Odyssey, Indien
Nostalgiereisen
Donaustraße 17, 26506 Norden
Tel.: 04931 / 93 60 10
Fax: 04931 / 93 60 13
info@nostalgiereisen.de
www.nostalgiereisen.de
Reisebüro Eilts GbR, Nostalgiereisen
siehe Blue Train

ROYAL SCOTSMAN, SCHOTTLAND
www.belmond.com/royal-scotsman-train/
www.bahnurlaub.de/zuege/Royal-Scotsman/
www.lernidee.de, unter »Bahnreisen«
siehe Deccan Odyssey, Indien
www.travelling-scotland.de/royal-scotsman-westl-highlands.html
Belmond Royal Scotsman
Shackleton House, 4 Battle Bridge Lane,
London, SE1 2HP
reservations.uk@belmond.com

THE OCEAN, KANADA
siehe The Canadian

TREN A LAS NUBES, ARGENTINIEN
www.trenalasnubes.com.ar

TOY TRAINS, INDIEN
Darjeeling Railway:
www.railtourismindia.com
Der Nilgiri Passenger (Blue Mountain Railway), der Kalka-Shimla Train und Neral-Matheran Railway haben keine eigenen Websites.
Informationen über: www.indiarail-tours.com/hill-trains-tour.html

TRANSCANTABRICO, SPANIEN
www.transcantabrico.com
Plaza del Emperador Carlos V, s/n.
28045 Madrid
Tel.: 0034 / 902 555 902
trenesturisticosdelujo@renfe.es
www.lernidee.de, unter »Bahnreisen«
siehe Deccan Odyssey, Indien

VENICE SIMPLON ORIENT-EXPRESS, EUROPA
www.orient-express.eu
(französisch/englisch)
www.bahnurlaub.de/zuege/Orient-Express/
www.lernidee.de, unter „Bahnreisen"
SNCF, 2, Place aux Etoiles,
93200 Saint Denis, France

ZARENGOLD, RUSSLAND
www.lernidee.de, unter »Bahnreisen«
siehe Deccan Odyssey, Indien

Literaturverzeichnis:

ALLGEMEIN

Heimo Aga:
Luxuszüge, Weil der Stadt 1997.

Georg Behrend:
Geschichte der Luxuszüge,
Zürich 1977.

Jonatan Farren:
Legendäre Luxuszüge. Traumreisen rund um die Welt, München 2006.

Alexis Gregory:
Bon Voyage. Die goldene Zeit des Reisens 1850–1950, München o. J. (1990).

Frank Grube/Gerhard Richter:
Das Grosse Buch der Eisenbahn,
Hamburg 1979.

Eva Marin (Hrsg.):
Luxury Trains, Kempen 2008.

Gunther Martin/Alfred Niel:
Du Dampfross mit rauchendem Schlote oder Eisenbahnbrevier, Wien 1975.

Patrick Poivre d'Arvor:
Legendäre Eisenbahnreisen,
München 2007.

Ralf Roman Rossberg:
Geschichte der Eisenbahn,
Künzelsau 1977.

Tom Savio:
Die 26 schönsten Eisenbahnreisen der Welt, München 2001.

Bernd Schiller (Hrsg.):
In grossen Zügen. Ein Reisebuch,
Hamburg 1988.

Wolfgang Schivelbusch:
Geschichte der Eisenbahnreise.
Zur Industrialisierung von Raum und Zeit im 19. Jahrhundert,
München 1977.

Erich Staisch:
Zug um Zug. Ein Rückblick auf das Jahrhundert der Eisenbahn,
Augsburg 1977.

Paul Theroux:
Abenteuer Eisenbahn. Auf Schienen um die halbe Welt, Hamburg 1977.

Tomothy Wheaton:
Luxury Trains, London 1995.

ZU EINZELNEN THEMEN

Anonym:
Die blauen Schlaf- und Speisewagen. Eine Geschichte der Internationalen Schlafwagen-Gesellschaft,
Düsseldorf 1976.

Andreas Altmann:
Notbremse nicht zu früh ziehen! Mit dem Zug durch Indien,
Hamburg 2003.

Jean des Cars/Jean-Paul Caracalla:
The Orient-Express. A Century of Railway Adventures,
London 1988.

Jean des Cars/Jean-Paul Caracalla:
Train Bleu und die großen Riviera-Expresszüge, Zürich 1989.

E.H. Cookridge:
Abenteuer Orient Express. Geschichte und Geschichten, Zürich 1980.

Hans Engberding und Bodo Thöns:
Transsib-Handbuch, o. Ort: 5. Aufl. 2008.

Fritjof Ermer und
Hans-Joachim Kirsche:
Australien mit dem Zug: o. Ort 2006.

Edward M. Forster:
Auf der Suche nach Indien (Roman: verfilmt unter dem Titel „Die Reise nach Indien"), Frankfurt a.M. 2005.

Anne und Olaf Meinhardt:
Transsibirische Eisenbahn. Durch die russische Taiga zum Pazifik,
München 2008.

Paul C. Pet, Brian Hollingsworth,
Geoffrey Moorhouse:
Indien, ein Kaiserreich für die Bahn,
Zürich 1985.

Enzo Pifferie:
Trans Sibirien. Auf der längsten Bahn der Welt,
Zürich 1980.

Hans Eckart Rübesamen/
Leonore Ander:
Glacier Express St Moritz - Zermatt. Die Traumreise im langsamsten Schnellzug der Welt,
München 1986.

Werner Sölch:
Orient-Express. Glanzzeit, Niedergang und Wiedereburt eines Luxuszuges,
Düsseldorf 1974.

Werner Sölch:
Jule Verne's Express. Die legendäre Indian-Mail-Route nach Südostasien,
Düsseldorf 1980.

Shirley Sherwood:
Venice Simplon Orient-Express.
The World's most celebrated Train,
London 1983.

Paul Theroux:
Der alte Patagonien-Express, Hamburg 1995.

Charles Wassermann:
Canadian Pacific. Die grosse Eisenbahn,
München 1979.

Dudley Witney:
USA. Die Züge und die Träume, Zürich 1989.

Bildnachweis

Oliver Bolch: 171 oben Mitte, 172 unten, 174 oben links und rechts, 175 unten, 177 unten;
Corbis/Eduardo Longau: 106/107;
Reinhard Dietrich: 181 unten;
Éditions du Chêne – Hachette Livre, Paris: 6-9;
f1 online / Pietro Scozzari, Frankfurt : 158;
Fotolia / Joan Albert Lluch, New York: 113 unten;
Fotolia / Joetex1, New York: 113 oben rechts;
Great Southern Rail Limited, Marleston, Australien: 173 oben links, 176 oben und unten, 182 ganz unten rechts;
Christian Heeb: 106, 107 oben Mitte, 110, 111, 112, 126;
Peter Hirth / C. J. Bucher-Archiv: 122/123, 123 links oben, 123 rechts oben, 124 oben und unten, 128 oben, 129 oben;
Olaf Krüger: 157;
Laif / Jean Michel Voge, Köln: 114 links, 116, 120,
Look-Foto / Johaentges, München: S. 184 oben;
Herdis Lüke: 91 oben links;
Olaf Meinhardt: 2/3;
Johann Scheibner: 10/11;
The Blue Train, Kapstadt, Südafrika: 125 unten, 126;
Wolfgang R. Weber: 90/91; 91 oben rechts, 93 oben, 113 oben links;

Alle übrigen Bilder stammen von den Fotografen der jeweiligen Kapitel.

Ebenfalls erhältlich...

ISBN 978-3-86245-158-6

ISBN 978-3-95613-413-5

ISBN 978-3-95613-020-5

ISBN 978-3-95613-023-6

ISBN 978-3-86245-748-9

Die Fotografen

Oliver Bolch ist seit 1993 als freier Reisefotograf tätig und veröffentlicht in Buch und Zeitschriftenverlagen.

Clemens Emmler arbeitet als selbstständiger Fotograf und Reisejournalist in Simonswald bei Freiburg im Breisgau. Seit 1990 zahlreiche Veröffentlichungen in Bildbänden, Kalendern, Reiseführern sowie Reise- und Fachmagazinen.

Max Galli ist Fotojournalist und Fotograf von etwa 45 Bildbänden und 100 Kalendern aus den Themenbereichen: Reisefotografie, Architektur-, Landschafts- und Theaterfotografie. Er lebt in St. Moritz und Berlin.

Christian Heeb ist einer der erfolgreichsten Reisefotografen weltweit. Seine Fotos und Bildreportagen erscheinen in Magazinen wie »Abenteuer & Reisen«, »Animan« und »Grands Reportages«. Er ist Bildautor von über 100 Büchern und unzähligen Kalendern. Christian Heeb lebt auf einer Ranch in Bend, Oregon (USA).

Olaf Meinhardt durchquerte 1996 Russland erstmals auf einer Fahrradweltreise. Seitdem bereist er als Fotograf immer wieder zahlreiche Länder mit dem Rad und per Boot, mit Wanderschuhen oder dem Wohnmobil. Er publiziert in renommierten Zeitschriften und Magazinen.

Sammy Minkoff ist seit 1978 als freier Fotograf tätig mit Schwerpunkt Sport, Politik und Reise. Er gewann zahlreiche Fotopreise, berichtete von 8 Olympischen Winter- und 7 Sommerspielen sowie von Alpinen Ski Weltmeisterschaften und Major Golfturnieren. Er lebt bei Eching am Ammersee.

Axel M. Mosler studierte Fotografie an der Fachhochschule Dortmund. Er ist freier Fotodesigner und veröffentlicht in renommierten Zeitschriften- und Buchverlagen. Von ihm sind mehr als 50 Bildbände erschienen. Axel M. Moser fotografiert ausschließlich mit Leica Flex Kameras; lebt in Dortmund.

Johann Scheibner ist Mitglied der Essener Agentur »Das Fotoarchiv«. Er fotografiert für zahlreiche Zeitschriften und Illustrierten und lebt in Berlin.

Hubert Stadler, Fotograf mit den Schwerpunkten Südamerika und Nordeuropa. Er veröffentlichte zahlreiche Bildbände und Reiseberichte in nationalen und internationalen Magazinen.

Wolfgang R. Weber, Flieger, Fotograf, Autor und Weltenbummler. Regelmäßige Aufenthalte im kanadischen Norden, in Mit telamerika und im australischen Outback – abseits von Zivilisation und Autobahnen, wo der Mensch noch fern und die Natur noch unberührt ist.

Die Textautoren

Horst-Dieter Ebert studierte Literatur- und Theaterwissenschaft. Er war Kulturredakteur beim Spiegel, Reporter beim Stern, Kolumnist beim FAZ-Magazin und beim Playboy. Seit fünfundzwanzig Jahren schreibt der Wahlhamburger über Reisen und Lebensart.

Angelika Block verdient ihren Lebensunterhalt als Lehrerin für Deutsch und Geschichte in Dortmund, nebenbei schreibt sie pädagogische Texte und Reportagen über ihr liebstes Hobby, das Reisen.

Herdis Lüke arbeitete seit vielen Jahren als Journalistin in Mexiko-Stadt, unter anderem als Feuilletonistin der Tageszeitung »Excélsior«, wo sie auch heute wieder lebt. Inzwischen gibt es kaum noch einen Flecken auf der Mexiko-Landkarte, den sie nicht kennt.

Sylvia Lott, promovierte Journalistin, lebt in Hamburg und arbeitet für verschiedene Frauen-, Reise- und Lifestyle-Magazine. Sie ist Mitglied in der Vereinigung Deutscher Reisejournalisten VDRJ.

Heike Neuenburg ist Reiseautorin und derzeit in Berlin zu Hause. Ihre Reisen führten sie rund um den Globus von Botswana bis Borneo, von Peru bis Patagonien. Sie interviewt Hotelmanager, Diplomaten, den Dalai Lama, schreibt Reise-, Lifestyle- und Hotelreportagen für zahlreiche Publikationen und Bücher.

Nicole Prestle lebt in Bayern in der Nähe von Augsburg, ist Redakteurin bei der Augsburger Allgemeinen. Beruflich wie privat geht sie gerne auf Reisen, wobei es ihr der Nahe Osten und Asien besonders angetan haben.

Bernd Schiller, Hamburger Reisejournalist und Buchautor mit ausgeprägter Liebe zu Indien, war mit vielen berühmten und anderen Zügen unterwegs, besonders gern mit lokalen und nostalgischen Eisenbahnen.

Klaus Viedebantt ist Kulturanthropologe, war u.a. Leiter des Reiseressorts der ZEIT und der Frankfurter Allgemeinen Zeitung. Er ist der Autor einer Vielzahl Bücher, v.a. auch zu Reisethemen.

Impressum

Joachim Hellmuth, Dr. Birgit Kneip, Charlotte von Schelling

Redaktion: Horst-Dieter Ebert, Dr. Birgit Kneip

Lektorat: Karl-Wilhelm Koch

Umschlag und graphische Gestaltung: Frank Duffek, München

Satz: BUCHFLINK Rüdiger Wagner

Herstellung: Anna Katavic

Repro: Repro Ludwig, A-Zell am See

Printed in Slovenia by Florjancic

★★★★★

Sind Sie mit diesem Titel zufrieden? Dann würden wir uns über Ihre Weiterempfehlung freuen. Erzählen Sie es im Freundeskreis, berichten Sie Ihrem Buchhändler oder bewerten Sie bei Ihrem nächsten Onlinekauf. Und wenn Sie Kritik, Korrekturen oder Aktualisierungen haben, freuen wir uns über Ihre Nachricht an GeraMond Verlag, Postfach 40 02 09, D-80702 München oder per Email an lektorat@verlagshaus.de.

Die Deutsche Nationalbibliothek verzeichnet diese Publikation in der Deutschen Nationalbibliografie; detaillierte bibliografische Daten sind im Internet über http://dnb.d-nb.de abrufbar.

Unser komplettes Programm finden Sie unter

www.geramond.de

Die Originalausgabe erschien unter dem Titel »Traumreisen mit der Eisenbahn« in der Bruckmann Verlag GmbH, München

Komplett durchgesehen und aktualisiert

Gesamtherstellung GeraNova Bruckmann Verlagshaus, München

ISBN 978-3-95613-032-8